数码暗房

老邮差 Photoshop 数码照片处理技法 色彩篇

（修订版）

汪端 编著

人民邮电出版社
北京

图书在版编目（CIP）数据

老邮差 Photoshop数码照片处理技法. 色彩篇 / 汪端编著. -- 2版（修订本）. -- 北京 : 人民邮电出版社, 2018.7（2019.5 重印）
ISBN 978-7-115-48673-8

Ⅰ. ①老… Ⅱ. ①汪… Ⅲ. ①图象处理软件 Ⅳ. ①TP391.413

中国版本图书馆CIP数据核字(2018)第135963号

内 容 提 要

色彩在数码照片处理中是非常重要的，本书针对数码照片处理中的色彩难题，分别讲述了色彩知识的基本内容，色彩处理的基本技法，以及色彩应用的基本思路。书中采用实例方法介绍了数码照片处理中常见的色彩问题难点与解决办法，学习并掌握这些技能后，读者将对处理数码照片色彩更明白、更主动，使处理的数码照片更精彩。此外，本书提供全部实例练习素材照片，以供读者学习使用。扫描封底“资源下载”二维码，即可获得下载方式，如需资源下载技术支持，请致函 szys@ptpress.com.cn。

本书适合具备 Photoshop 基础的摄影爱好者阅读学习。

◆ 编　　著　汪　端
　责任编辑　张丹丹
　责任印制　陈　犇
◆ 人民邮电出版社出版发行　　北京市丰台区成寿寺路 11 号
　邮编　100164　　电子邮件　315@ptpress.com.cn
　网址　http://www.ptpress.com.cn
　北京富诚彩色印刷有限公司印刷
◆ 开本：889 × 1194　1/20
　印张：14　　　　　　　2018 年 7 月第 2 版
　字数：536 千字　　　　2019 年 5 月北京第 2 次印刷

定价：89.00 元

读者服务热线：(010)81055410　印装质量热线：(010)81055316
反盗版热线：(010)81055315
广告经营许可证：京东工商广登字 20170147 号

色彩开篇的话

面对五彩缤纷的世界，我们拍摄的照片绝大部分是彩色照片，而我们对这些照片中的色彩满意吗？

色彩是数码照片处理中绕不开的难题。从色彩模式到色域，从色彩导入到输出，从色彩选择到控制，从色彩判断到校正，从色彩转换到调整，从色彩感情到艺术，诸多的色彩问题贯穿数码照片处理的全过程。这不仅影响照片自身的艺术表现和情感抒发，而且影响照片的内在质量和外在形式。色彩问题令我们苦恼与兴奋齐集，失败与成功互为。主动明白地处理色彩是每一个摄影爱好者持续的愿望。

对于绝大多数摄影爱好者来讲，学习基本的色彩知识是为了解决自己照片的实际问题，让片子的色彩还原更准确一些，使处理的色调更漂亮一些，图像的质量更好一些。本书正是按照这个基本要求来写的，希望能够帮助读者更好地处理照片的色彩。

写这本书时，我也是犹豫再三。其主要原因是色彩理论涉及光学、数学、计算机技术，色彩处理涉及软件、硬件，色彩应用涉及绘画、美学、心理学。这对学中文出身的我来讲几乎是一个全新的领域。但是通过查阅大量的资料，请教诸多的专业人士，以及做了海量的试验，我终于弄懂了一些概念，理清了一些思路，得出了一些结论，找到了一些技巧，最终写出了一些心得。最重要的是将深奥的色彩理论尽量先消化，然后用通俗的语言、简捷的操作以及实例表述出来。

知之为知之，不知为不知，是知也。坦率地说，关于色彩理论的一些更深奥的问题，我还没有完全弄懂。因此，在本书中有些问题没有涉及，或者只是引述一些相关的专业资料来表述。这些更深奥的问题都是有待以后进一步钻研的。由于本人在这方面学识有限，对色彩的理解、表述以及操作都可能有不到位的地方，或者有失误不当之处，很希望内行的朋友予以指正。

本书附带全部实例练习的素材照片，以供读者学习使用。这些素材照片只能用于本书实例练习，不得用于其他地方。另外，还提供了6个视频文件，是本书部分实例的操作实录，非常有助于读者学习本书。感谢我的朋友郑曦、胡楠为制作这些视频付出的辛勤劳动。本书的学习资源可以通过扫描“资源下载”二维码后根据提示获得。如需资源下载技术支持，请致函szys@ptpress.com.cn。如果您在学习这本书的过程中遇到问题，可以来信，我们一起探讨。我的邮箱为wangduan@sina.com 。

资源下载

在线视频

色彩篇仍然沿承老邮差图书的一贯风格，让大家看得懂，学得会，记得住，用得上。

汪端

2013年6月20日

目录

第1部分 色彩基础与管理

色彩、色彩模式和色域 01

色彩是数码照片处理中非常重要的问题，是本书要解决的核心问题。但是色彩问题不是这一本书能完全讲明白的，因为绝大多数摄影爱好者处理数码照片，重要的是了解最基本的色彩、色彩模式和色域知识，这是做好图像色彩处理的基础。全书34个实例，而开篇的这个实例却是最后写出来的，也说明我表述这个问题实在吃力。还有些色彩理论问题，我翻阅资料、请教专家，仍没有完全搞清楚，这里将一些我理解的色彩知识分享给大家。

了解色彩知识

色彩是人的眼睛对于不同频率的光线的不同感受，色彩既是客观存在的（不同频率的光），又是主观感知的，有认识差异。在Photoshop中打开任意数码照片图像，看到五颜六色的色彩，这都是我们处理数码照片所要面对的主要对象。

了解色彩是基本知识，认识色彩的基本要素，是我们做好数码照片处理的重要前提。

太阳光中的可见光被称为白光，可以分解出红、绿、蓝三原色。当可见光照射到物体上时，这些物体吸收一部分光线，反射一部分光线，我们看到的颜色是物体反射的光线。

如果物体把光线都吸收了，我们就看到了黑色；如果将光线都反射了，我们就看到了白色。

加色原色是指3种色光（红色、绿色和蓝色），当按照不同的组合将这3种色光添加到一起时，可以生成可见色谱中的所有颜色。添加等量的红色、蓝色和绿色光可以生成白色。完全缺少红色、蓝色和绿色光将导致生成黑色。计算机的显示器是使用加色原色来创建颜色的设备。

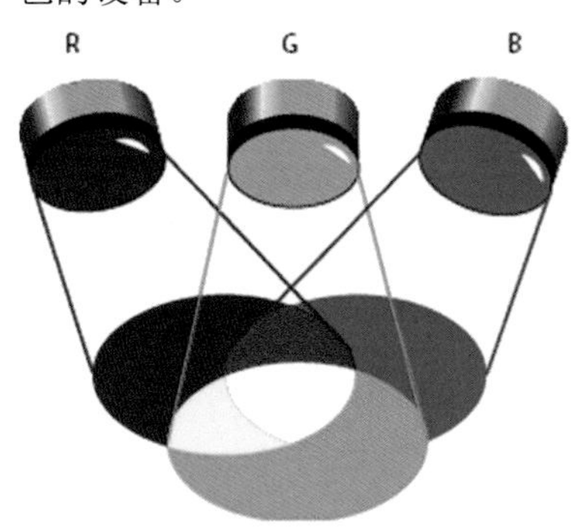

减色原色是指一些颜料，当按照不同的组合将这些颜料添加在一起时，可以创建一个色谱。与显示器不同，打印机使用减色原色（青色、洋红色、黄色和黑色颜料）并通过减色混合来生成颜色。使用“减色”这个术语是因为，这些原色都是纯色，将它们混合在一起后生成的颜色都是原色的不纯版本。例如，橙色是通过将洋红色和黄色进行减色混合创建的。

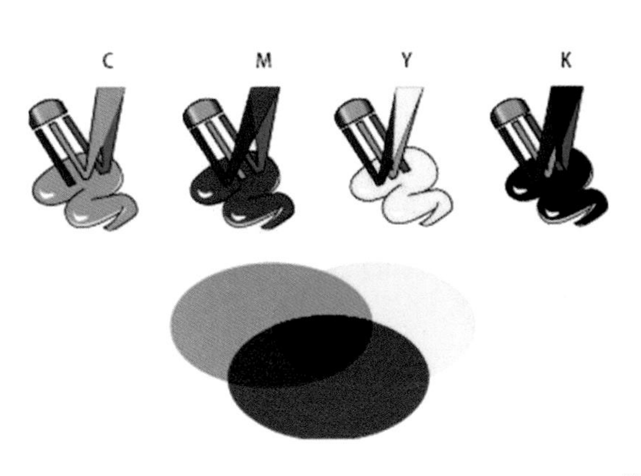

认识色彩空间

在Photoshop中打开“拾色器”对话框，可以看到右侧有5组参数，分别是5种不同的色彩模型，用来表述颜色。注意：这些色彩模型是用各自不同的方法来描述颜色，它还不等同于色彩空间。色彩空间是另一种形式的颜色模型，它有特定的色域（色彩范围）。

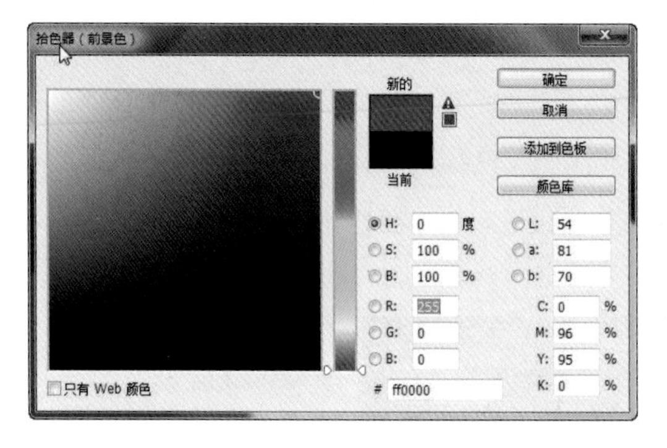

RGB色彩模型是由模拟色光的红、绿、蓝三原色来建立的，这是数码照片源文件的标准色彩模式。而由RGB色彩模型建立的色彩空间，又衍生出许多更细致的色彩空间：AdobeRGB、sRGB 、AppleRGB、ProPhoto RGB等。每台设备（如显示器或打印机）都有自己的色彩空间并只能重新生成其色域内的颜色。将图像从一台设备移至另一台设备时，新设备要按照自己的色彩空间解释 RGB 或 CMYK 值，因此图像颜色可能会发生变化。

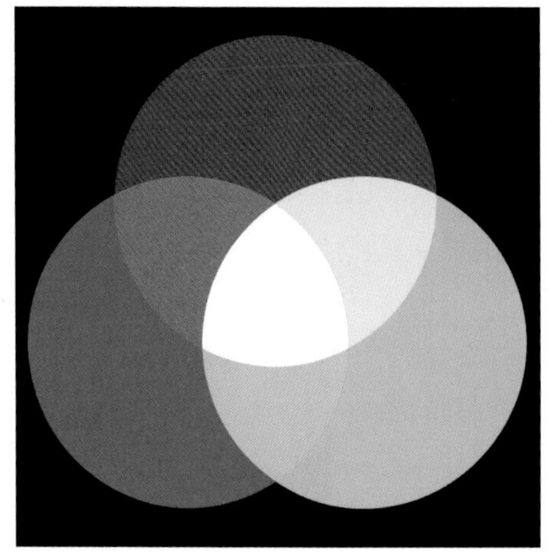

CMYK色彩模型是由模拟色料的青、品、黄、黑油墨原料来建立的，用于印刷，包括所有打印机输出的标准色彩模式。而在CMYK色彩模型建立的色彩空间中，由于输出设备的差异，会因为使用不同油墨而产生各种不同的色彩空间，输出的色彩也会产生差异。从RGB转换为CMYK空间的过程中也会产生色彩的变化和差异。

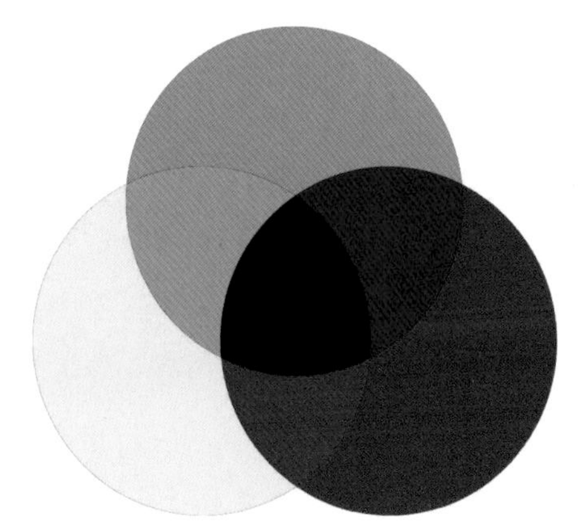

HSB模型以人类对颜色的感觉为基础，描述了颜色的3种基本特性。

色相是物体自身的颜色，在 0°～360° 的标准色轮上，按位置度量光谱的红、橙、黄、绿、青、蓝、紫色相，用H表示。饱和度是颜色的强度或纯度，用S表示。亮度是颜色的相对明暗程度，用B表示。

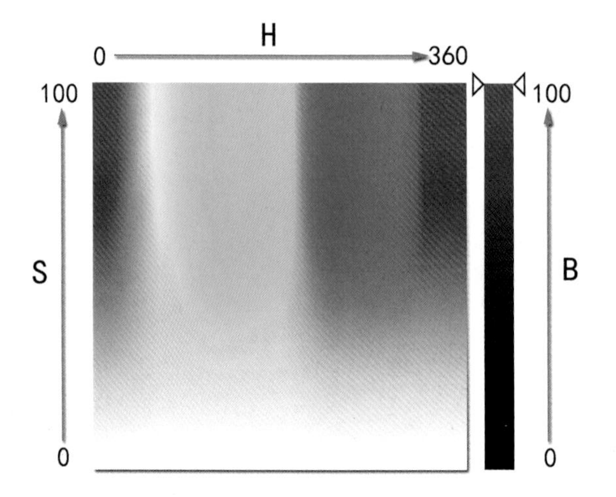

色彩空间是可以相互转换的，但这种转换往往不能做到严格一一对应。

在拾色器中选择某个颜色时，在色标的旁边经常会出现警告标志。惊叹号三角图标表示当前选择新的颜色“打印时颜色超出色域”，意思是当前选择的颜色无法打印。单击下面的小色标，即可将选择的颜色转换为可以打印输出的CMYK色域内最接近的颜色。立方图标表示选择的颜色超出网页索引色范围，单击下面的小色标，即可将选择的颜色转换为标准的索引色。

选择色彩模式

选择“图像\模式”命令，在弹出的菜单中，可以看到Photoshop可以选择的各种色彩模式。对于处理数码照片来讲，最常用的是RGB颜色和Lab颜色。如果要将照片输出打印，需要根据输出设备的具体情况做CMYK设置。

颜色的位深设置也由输出设备限制来决定，目前网络和多数输出设备只支持8位颜色的位深。

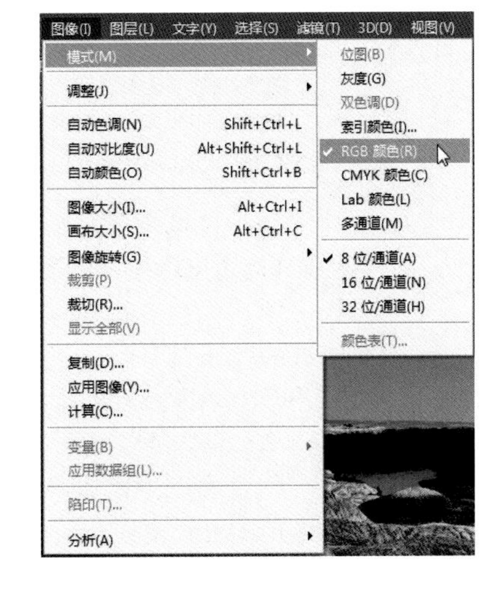

打开随书“学习资源”中的01.jpg图像，这是一个RGB模式的红、绿、蓝色彩模式示意图。

选择“视图\色域警告”命令，可以看到图像中超出打印色域的地方变成了灰色，这是在警告这些灰色地方的颜色无法打印。

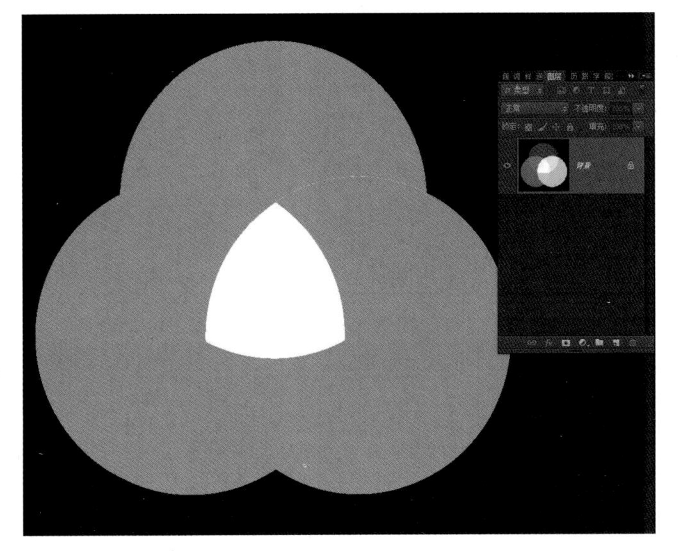

选择“视图\校样颜色”命令，可以暂时将当前色彩空间转换为CMYK模式。快捷键是Ctrl+Y组合键。反复按Ctrl+Y组合键，可以观察RGB与CMYK两种色彩模式的颜色差别。

色域的差异

CIE色度学系统得到了著名的CIE1931标准色度系统及相应的色度图。

色度图中的弧形边界对应于所有光谱中的单色光。最右下侧是波长为700nm的红光，最左下侧是波长为380nm的蓝紫光，色度图下侧的直线边界表示不同强度的红光与蓝光可以混合出的各种品色光，这些光线在光谱中没有，只能靠人工合成出来。色度图的边界色是人眼所能见到的饱和度最高的颜色。

CIE1931RGB色度系统的三原色是：

R　700.0nm

G　546.1nm

B　435.8nm

下方的直线部分，即连接400nm和700nm的直线，是光谱上所没有的由紫到红的系列。靠近图中心的是白色，相当于中午阳光的光色，其色度坐标为$x=0.3101$，$y=0.3162$，$z=0.3737$。

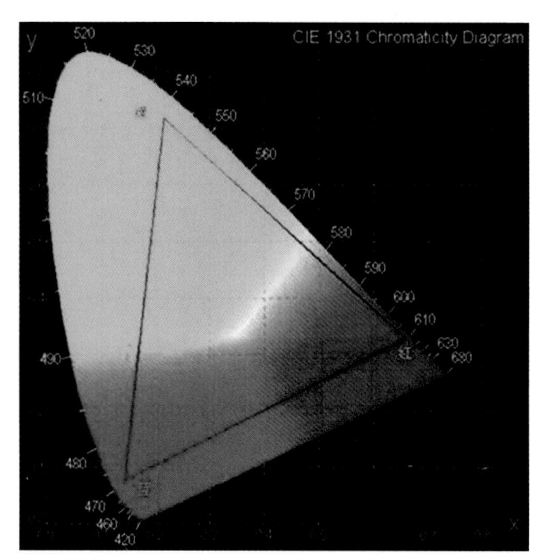

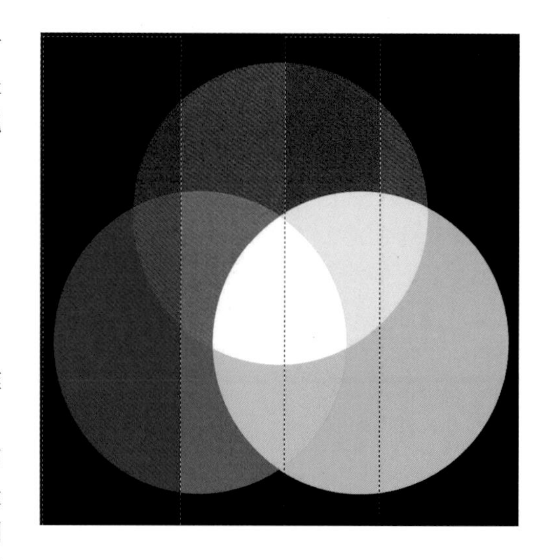

几点认识

这个色度图就是Lab色彩空间，它是各种色彩空间中色域最大的。CIE1931色度图呈马蹄形，包括人眼可以见到的所有颜色。

不同的色彩模式有自己的色彩范围即色域，而我们常用的各种色彩模式的色域都小于Lab。sRGB是各个RGB中色域最小的，CMYK模式的色域小于RGB模式。由此我们应该知道，不是所有的颜色都能在显示器上显示出来，不同的色域转换会产生色差。

将色彩理论知识讲明白，不是本书能做到的。我们摄影爱好者先记住常用的色彩模式，红、绿、蓝之间的关系，以及色域的基本概念，这些对于我们处理图像色彩是最基本的知识。

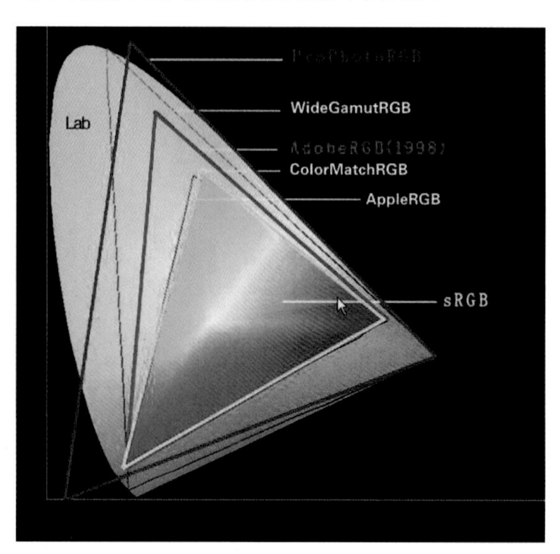

杂谈

PS夜话

夜色朦胧，喧嚣渐隐。那天，利用一个晚上的时间，老邮差、源生态、摄颖三位朋友一起坐下来聊关于数码照片后期处理的问题。

围坐在桌前，我们各抒己见。七嘴八舌讨论数码照片处理中前期与后期的关系，后期与传统暗室的差异，后期处理的目的，后期处理的理念与基本思路，等等。我们的话题基本侧重思维和观念，很少涉及具体操作技术。

源生态说："后期是工具，前期是根本，想法是灵魂"。他也强调，摄影最终拼的是文化，这与我在"RAW篇"中所讲的观点不谋而合。他有句话说得很有意义，他认为：人不能决定自己生命的长度，但可以决定自己生命的宽度。这就是文化品位。

我讲了亚当斯的观点：摄影是谱曲，暗房是演奏。亚当斯用非常形象的比喻，说明了摄影前期与后期是缺一不可的关系。只有一曲优美的旋律，却没有人能演奏；只有演技高超的乐手，却没有能够演奏的曲谱，这都无法让人们聆听美妙的音乐。然后我用摄影的实例说明了前期拍摄与后期处理二者之间的辩证关系，这令两位朋友都很兴奋。

摄颖谈到当前数码照片后期处理中非常时尚的低饱和度单色调风格。他特别强调，在低饱和度效果中，必须保留提示色，即在整体改变色调时必须局部保留人的正常视觉颜色，即便是红外人像摄影也应如此考虑。如果没有保留局部的正常视觉颜色，片子会给人偏色的感觉，不符合人们的一般视觉习惯。

然后我们用一张片子做实例，每个人都按自己的理解做了一遍，差异真的非常大，风格完全不同。在这个过程中，我们相互交流一些操作技巧。我讲了RAW的智能对象用法，这是我新学会的（连我的"RAW篇"中也没讲的）。摄颖在调整层后设置明度图层混合模式的做法，也让我很开眼。他们对于流量参数的设置使我弄清了一个多年的困惑。

不知不觉就十点半了，为了赶末班地铁，我们只好作罢。意犹未尽，相约以后再找机会继续谈。

将此页剪下。沿着边线将图形剪出来，按照每一个方形的边缘折叠，在白色的地方涂抹胶水，可以制作成一个立方体。

认识色彩空间 02

色彩的排列可以表述为一个空间，也可以表述为一个区域。了解色彩空间的概念，能够清楚地知道颜色的排列方式，以及某一个颜色在色彩空间中的具体位置，进而能够清楚地知道改变这个颜色应该向哪个方向移动，由此推断出应该提高或者降低哪个参数的数值。认识色彩空间，使我们对颜色的控制更趋于理性，对于调整色彩就更明白了。

数码照片的色彩空间绝大多数是RGB模式，那么，我们就专门来认识RGB的色彩空间。

理解RGB色彩

在Photoshop中按F6键打开“颜色”面板。

此面板默认是RGB色彩模式，可以看到R、G、B 3个颜色条，将3个数值都设置为0。3个彩条左侧为黑，右侧分别为红、绿、蓝。移动某一个滑标，可以看到加减某个参数时颜色变化的情况。

由颜色面板可知，RGB三原色的参数都是从0到255。

参数为0时表示没有这个颜色，参数为255时表示这个颜色为最饱和，最红、最绿或最蓝。

以RGB 3个颜色的0端为起点，每一个颜色为一个坐标轴，3个坐标轴互为90°，由此建立起一个RGB颜色的立体色彩空间。

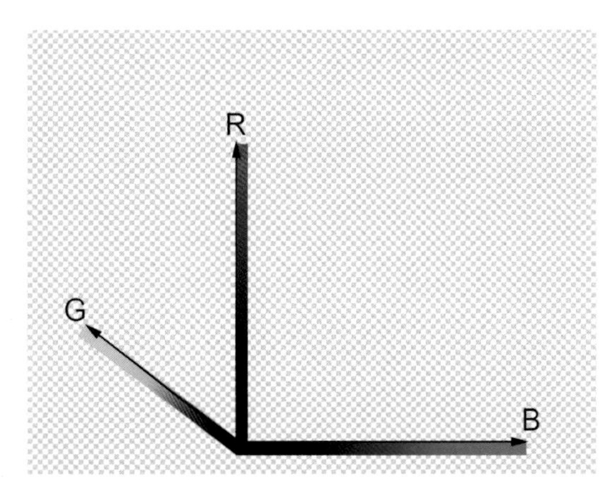

从右图可以看到，按照RGB 3个坐标轴延伸，我们可以建立起一个六面立方体的RGB色彩空间。

立方体的8个顶点分别是红绿蓝和青品黄，再加上黑和白。红绿蓝与青品黄是3对补色，它们在立方体上的位置也是对角线关系。

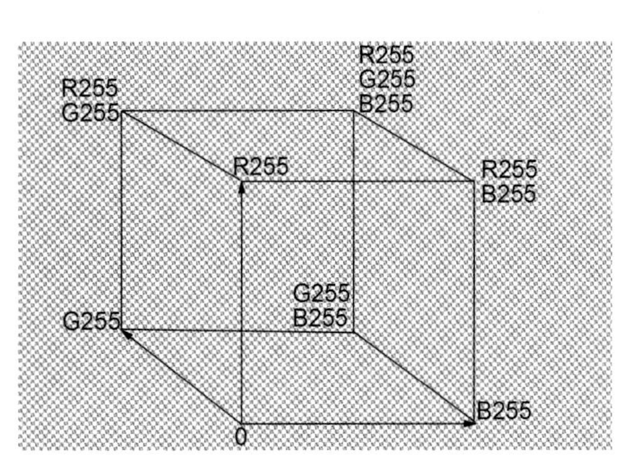

其中，从RGB为0这一点，到RGB为255这一点，也就是从黑到白。那么从黑到白之间就是由深到浅、由暗到亮的灰色，我们称之为中性灰，或者中间灰。

在中性灰这条线上，所有点的参数，都是R=G=B。进一步强调，只有在这一条线上任意取一个点，它的RGB值一定是相等的，它的颜色一定是纯黑白灰的。

色彩空间的面

根据RGB坐标所建立的立体色彩空间，我们可以得知这个立方体各个面的颜色是最纯的。

在红色R和蓝色B这个面，红蓝相加为品红色，即R=255、B=255。对角的红蓝绿均为0的这一点为黑的起点，形成了从黑到品红的对角线过渡。

我们建立的这个色彩的面只是一个模拟效果，并不能与色彩空间效果完全相等。

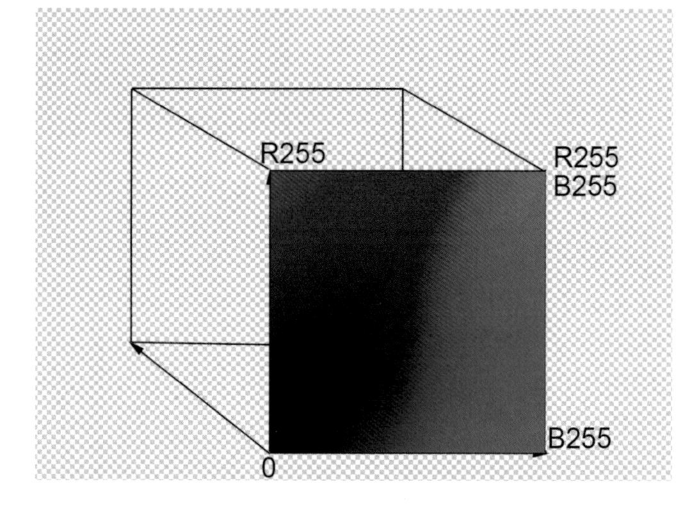

在红色R和绿色G这个面，红绿相加为黄色，即R=255、G=255。同样，从红、蓝、绿均为0的这一点为黑的起点，形成了从黑到黄的对角线过渡。红绿黄黑4个纯色是这个面的4个顶点。

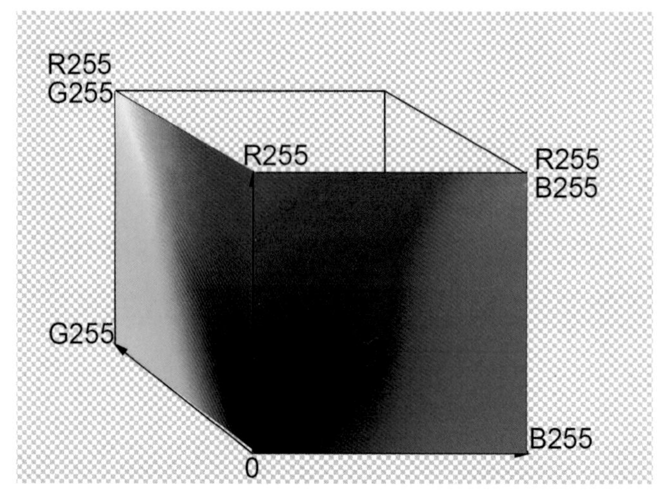

而在红黄与红品坐标这个面上，对角是RGB均为255的白色。

由此可以推算出这个颜色立方体另外3个面的颜色了。

我们能够见到的RGB所有颜色都在这个立方体中表示出来。

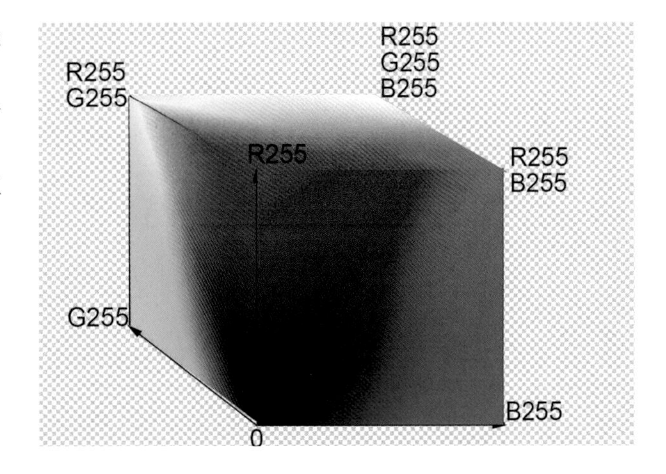

参数与颜色的关系

在我们的RGB色彩模式中，RGB参数的变化与色彩的变化是完全对应的。

以红色为例。

在工具箱中打开“拾色器”对话框，设置R=255、G=0、B=0。这算纯红色了。在色板中可以看到这个点在红色区域的右上角顶点位置，对应于立体色彩空间的R255这个点。

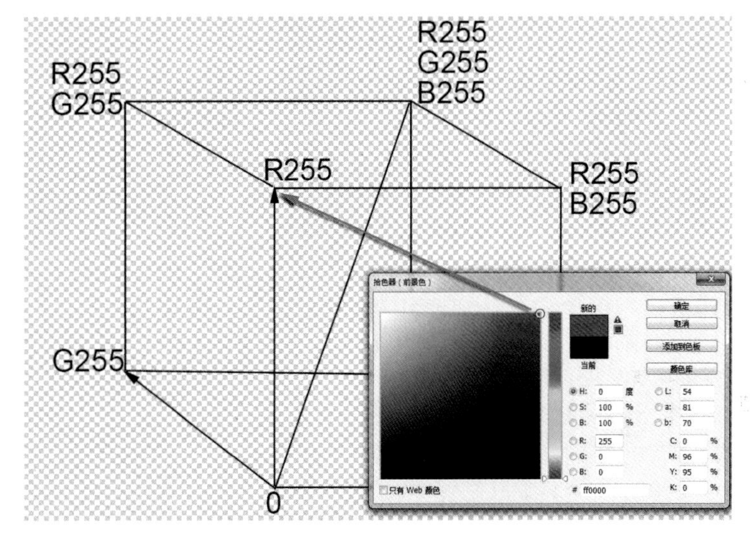

在拾色器中将RGB值都设置为0，这就是纯黑色了。在色板中，这个点位于红色区域的右下角，对应于立体色彩空间RGB 3个坐标的起点位置。

需要说明的是，RGB均为0在立体色彩空间中是一个唯一的点，而在颜色拾色器中是色板最下面的一条边，这是三维立体空间转换二维平面的算法问题。

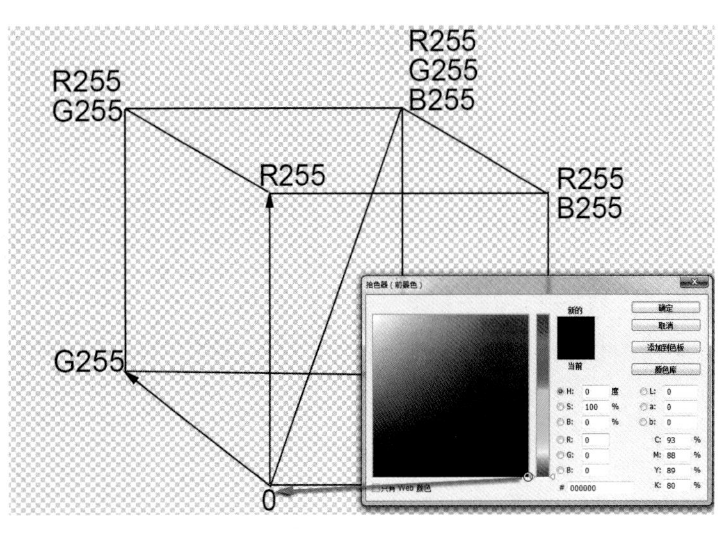

在拾色器的色域面板中按住鼠标，从R=255、G=0、B=0这个点沿着红色边缘向下移动到RGB=0这个点，可以看到面板中“新的”颜色在不断变化，由红逐渐变黑。同时可以看到RGB参数值中，R的数值由0到255，而G和B值始终是0。也就是说，单色值的颜色在变暗的时候，是这个单色值的降低，与其他两色无关。

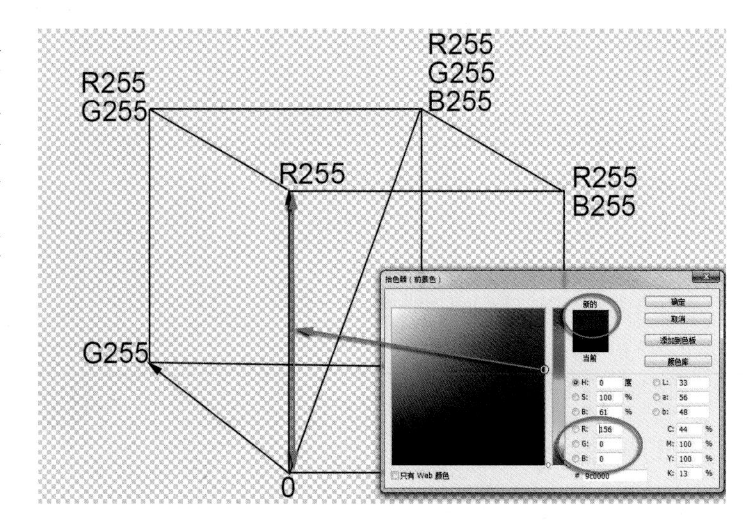

在拾色器的色域面板中按住鼠标，从R=255、G=0、B=0这个点沿着红色边缘向左水平移动到RGB=255这个点，可以看到面板中“新的”颜色在不断变化，由红逐渐变白。同时可以看到RGB参数值中，R的数值始终是255不变，而G和B值在等量增加。也就是说，单色值的颜色在变亮的时候，这个单色值不变，而其他两色等量增加。它在色彩空间立方体上是沿着R=255到RGB=255的对角线移动的。

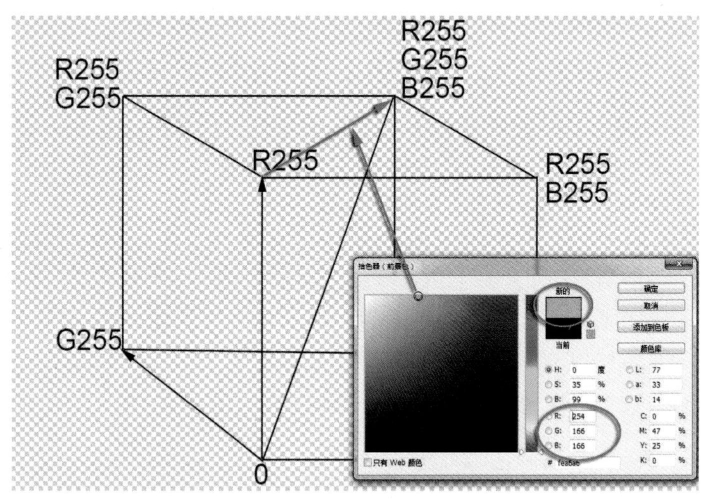

必须说明一点，我们这里所说的颜色变亮变暗的说法是不严谨的，这是一般人对于色彩的表述。而在RGB中只有数值关系，不能说白比红亮，黑比红暗。亮和暗的概念是HSB色彩模式的表述。

如果是两个参数值的复合色，它在向黑色点移动的时候，就肯定是双参数值等量降低。它在向白色点移动的时候，当然是第3个参数值不断升高。

只要是单参数或双参数的颜色，其位置都必然在色彩立方体的外立面上。只要3个参数不等于0或255，其位置一定在色彩立方体的内部。

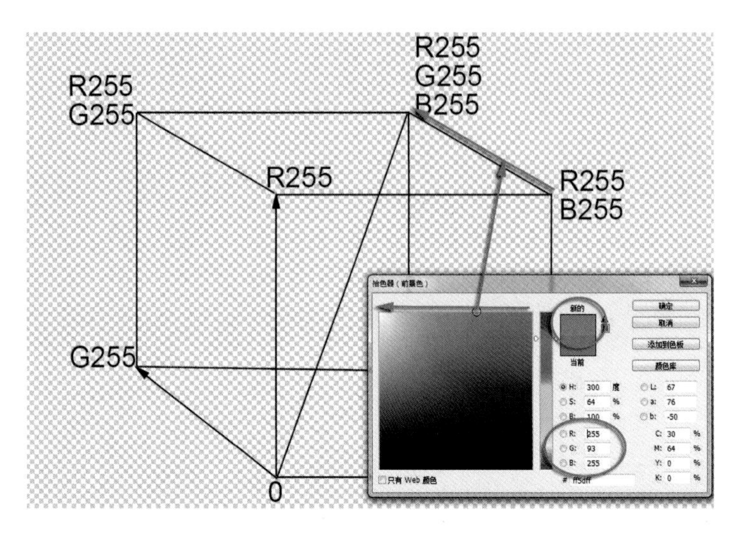

准确定位颜色位置

只要有一组RGB值，就可以推算出它在色彩立体空间中的位置。

在拾色器中随意单击选择一个颜色。看到RGB值后，根据这组数据可以准确地找到这个颜色在色彩立体空间中的位置。

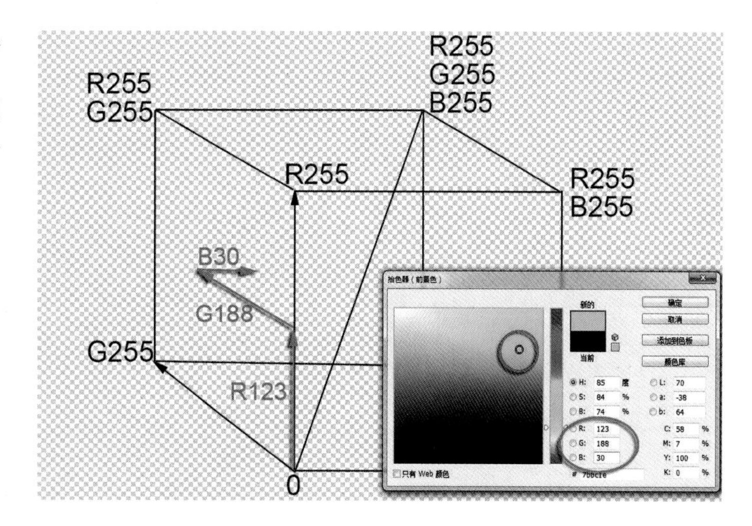

推算得知某个颜色在色彩立体空间中的准确位置，是为了主动控制变更颜色。

要改变某个颜色，按照RGB的坐标，就可以知道应该加减RGB中的哪个参数值。这样就不会在拾色器中胡乱单击试验，而是按照色彩立体空间有意识地加减某个参数值，以使变更的颜色准确地向目标接近。

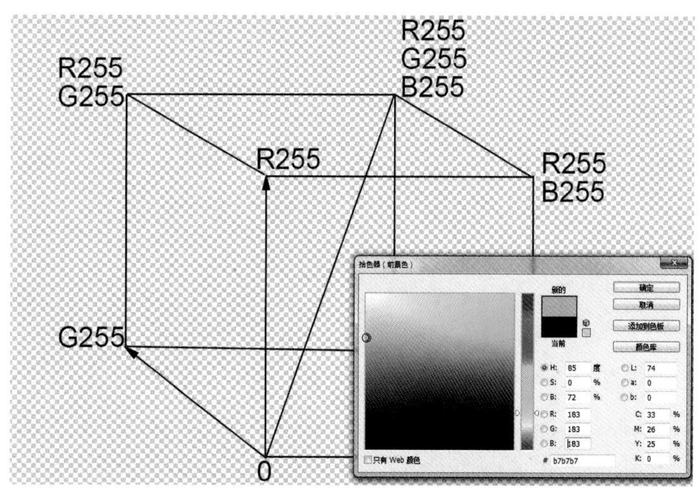

几点认识

在拾色器中，可以看到有HSB、RGB、Lab、CMYK共4种色彩模式可以设置。

我们摄影照片原本是RGB模式的，使用RGB模式是最容易理解、最直接的。

各个色彩模式之间是可以相互转换的，这个转换值很难做到丝毫不差，只是一个接近值。

这些色彩模式都可以建立相应的色彩立体空间，但不一定都必须是六面立方体的，这是表述方法的差异。

在头脑中能够建立起色彩立体空间的概念，有助于判断理解颜色的位置，这样可以使颜色的调整更明白、更主动、更准确。

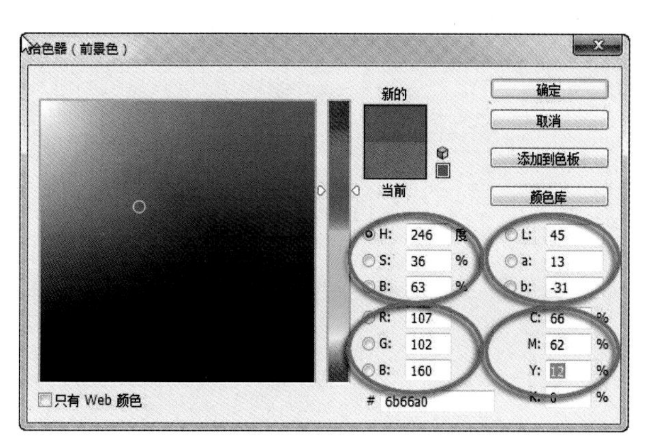

揭开色彩关系之谜 03

平时操作中最常用的色彩模式是RGB和CMYK，这些色彩是如何构成的？它们之间有什么关系？做过以下练习就明白了。

准备图像

建立一个新文件：800像素×800像素，分辨率为72像素/英寸，RGB颜色。

在工具箱中设定前景色为黑色，按Alt+Delete组合键铺好底色。

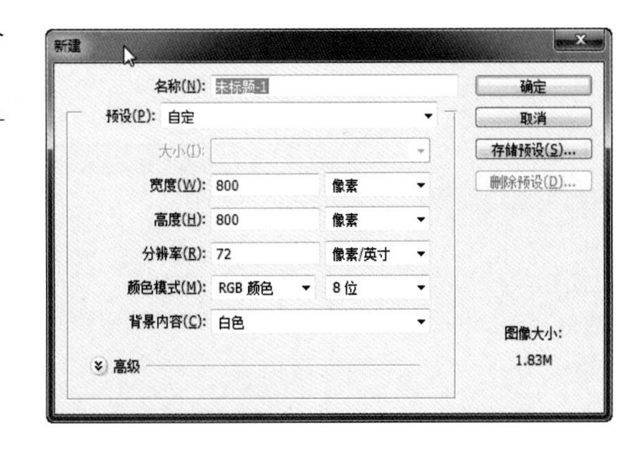

填充3个颜色圆形

用鼠标在图层面板最下边单击创建新图层图标，建立一个新的图层 1为当前层。

在工具箱中选择椭圆选框工具，在选项栏中确认其羽化值为0。按住Shift键，用鼠标拉出一个圆形选区。

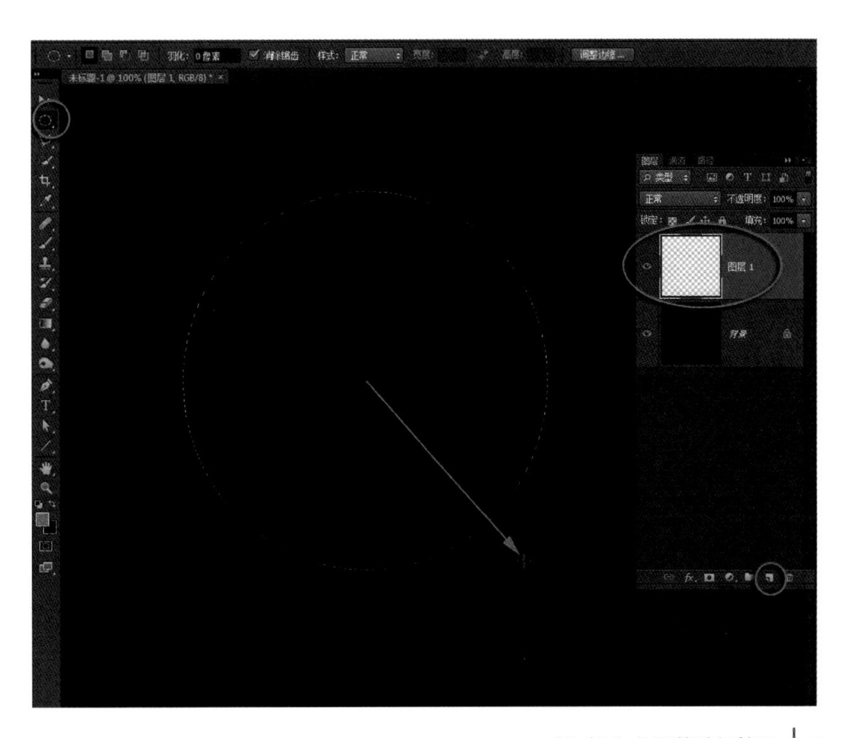

在工具箱中单击前景色图标，打开“拾色器”对话框，设置RGB参数值为R255、G0、B0。单击“确定”按钮退出拾色器。

按Alt+Delete组合键将前景色填充到圆形选区中。

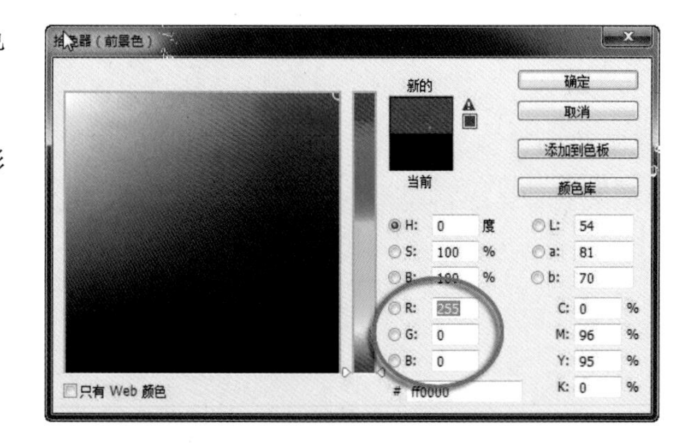

蚂蚁线还在。

在图层面板最下边单击创建新图层图标，建立图层 2。

在工具箱中单击前景色图标，打开“拾色器”对话框，设置RGB参数值为R0、G255、B0。单击“确定”按钮退出拾色器。

按Alt+Delete组合键将这个绿色填充到图层 2的选区中。

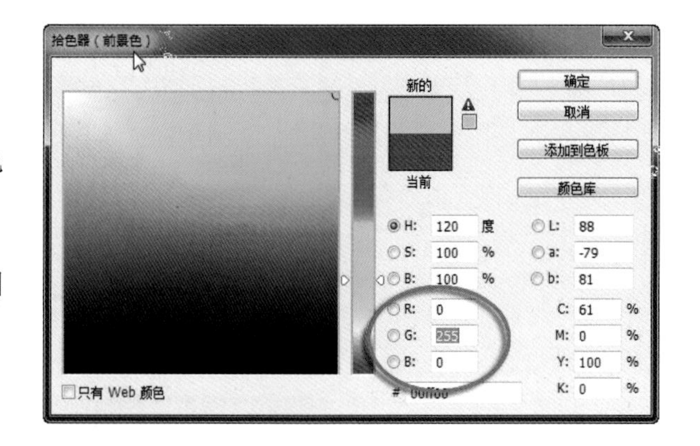

蚂蚁线还在。

在图层面板最下边单击创建新图层图标，建立图层 3。

在工具箱中单击前景色图标，打开“拾色器”对话框，设置RGB参数值为R0、G0、B255。单击“确定”按钮退出拾色器。

按Alt+Delete组合键将这个蓝色填充到图层 3的选区中。

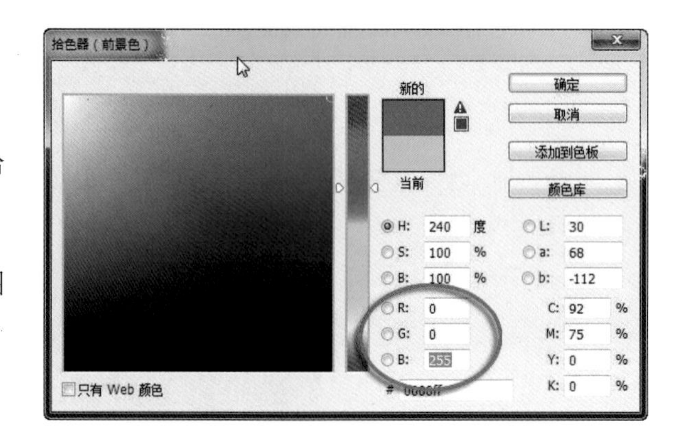

通过以上操作建立了3个新图层，分别填充了红、绿、蓝3个圆。

完成之后，在图层面板上可以看到3个圆形是叠在一起的，现在只能看到最上面的一个圆形。

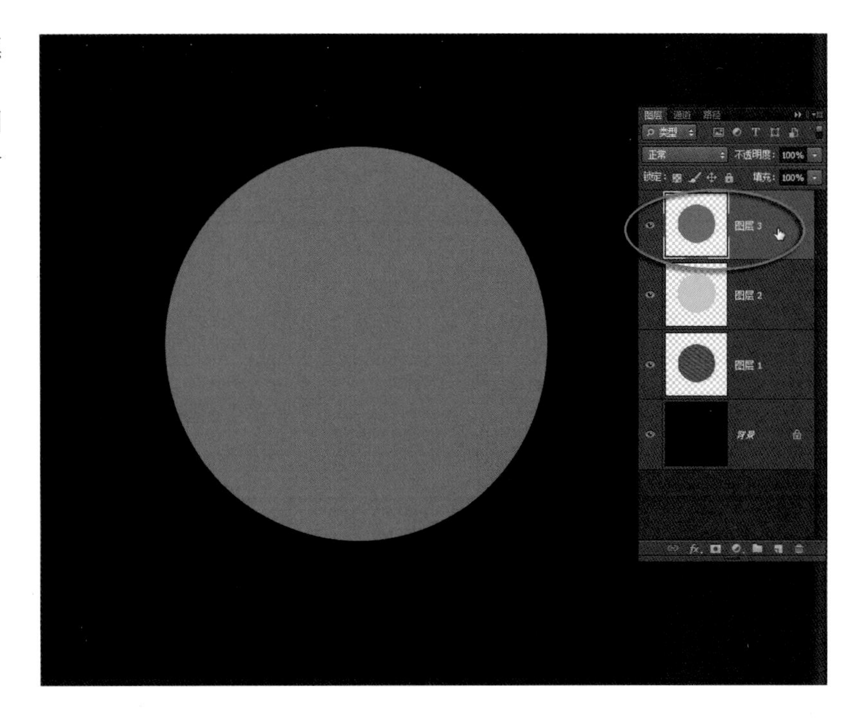

现在有了代表RGB色彩的红、绿、蓝3个圆形，用移动工具将3个图层中的3个圆形分别拖动，摆成一个“品”字形。

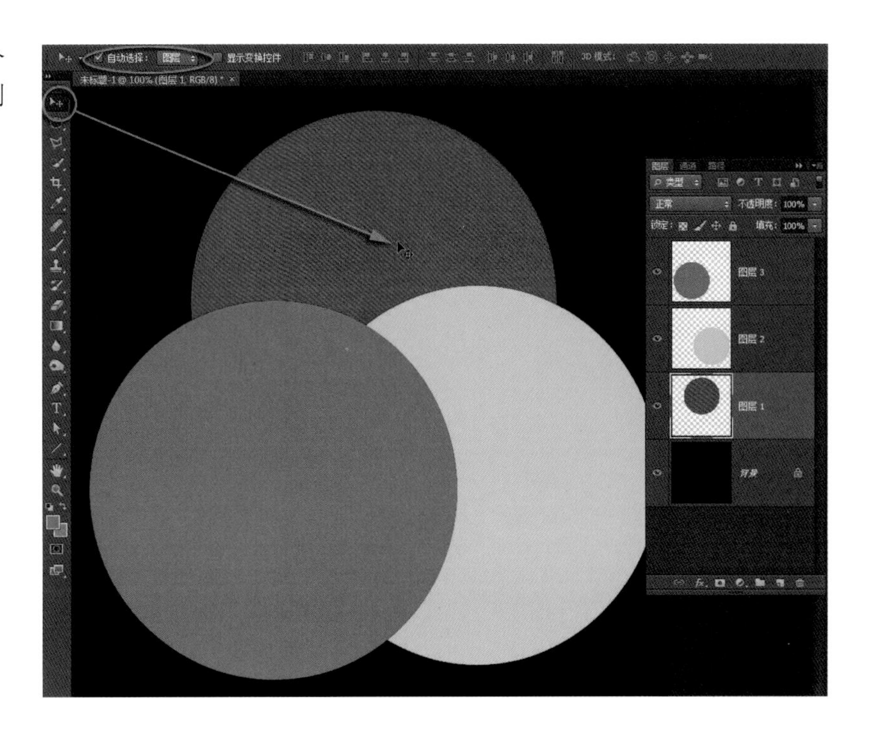

设置RGB色彩关系

在图层面板上，指定最上边的蓝色圆形所在的图层为当前层。打开图层混合模式下拉列表，选择符合RGB模式的“滤色”模式。可以看到色彩有变化了。

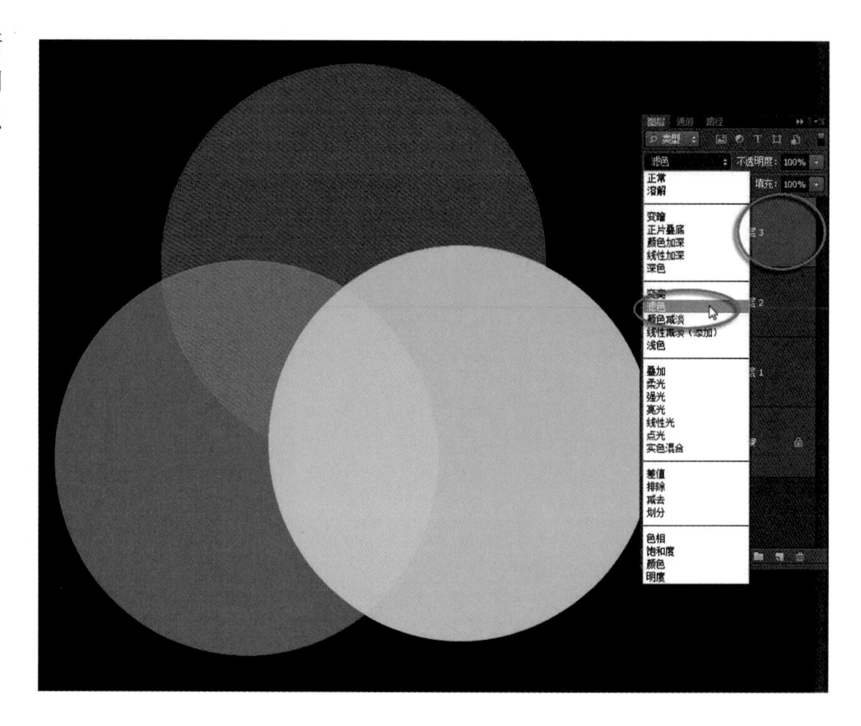

在图层面板上指定绿色圆形所在的图层为当前层，打开图层混合模式下拉列表，将混合模式也设定为“滤色”模式。

可以用移动工具来移动任意一个圆形，观察2个颜色圆、3个颜色圆通过滤色叠加后，颜色范围的变化。

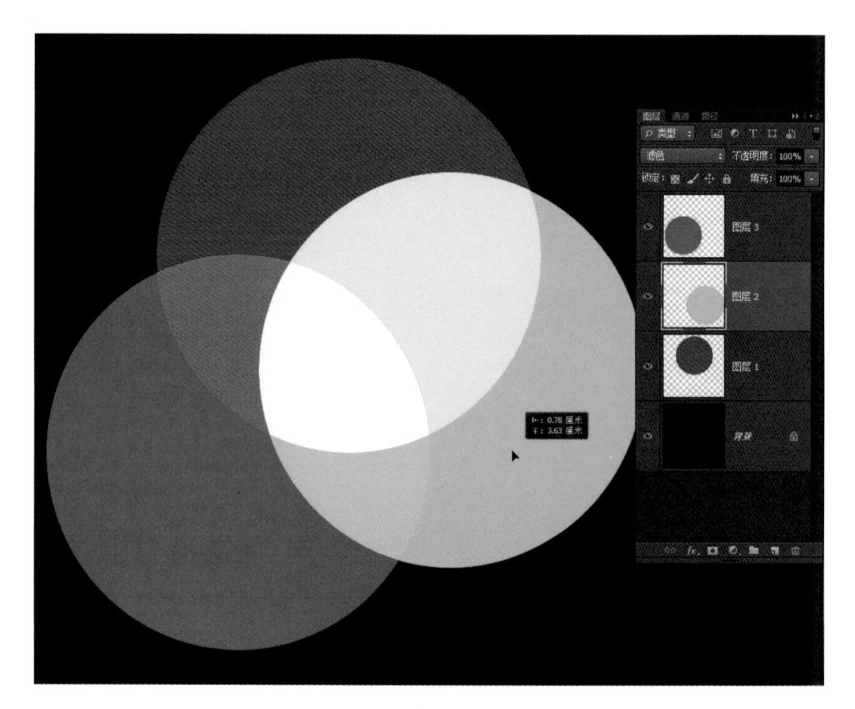

在这里可以清楚地看到：在RGB模式中，红加绿为黄色，红加蓝为品色，绿加蓝为青色，红绿蓝相加为白色。颜色越加越亮，因此称之为色光的加色法。

红绿蓝是光线中的三原色，在没有颜色的地方，也就是没有光线照射的地方，就是黑色。

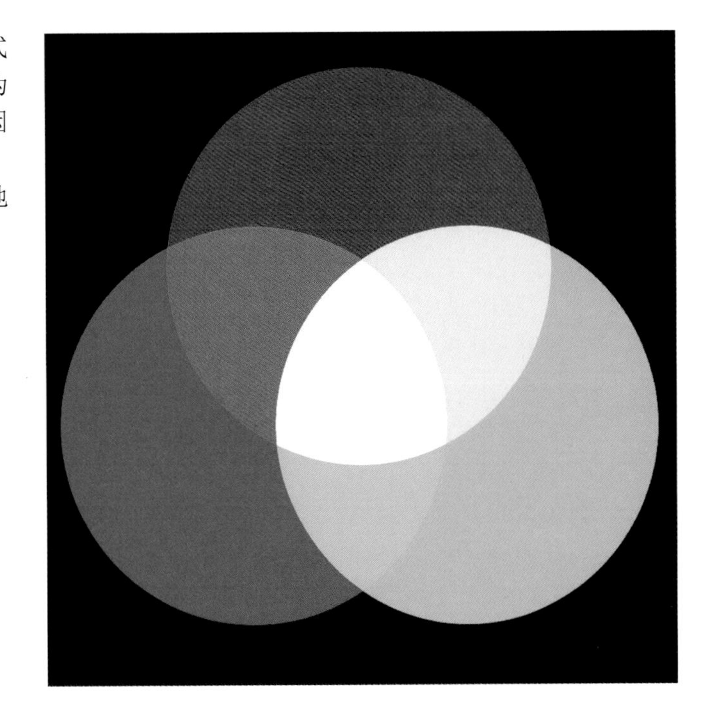

制作CMYK色彩关系

CMYK是基于印刷的色彩模式，虽然我们处理数码照片使用不多，但如果有兴趣，不妨做一下这个练习。

背景层这次设置为白色。

依然是在3个图层的3个圆形中分别填充青、品、黄3种颜色，在拾色器中设置C、M、Y三种颜色，右图所示为Y设置为100%。每一种都是单色100%。

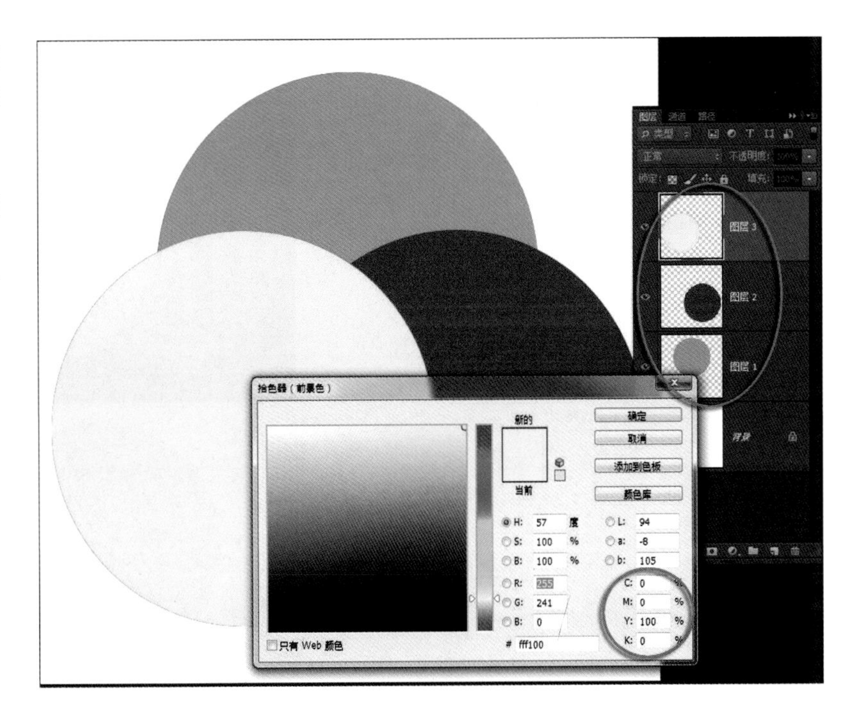

然后将上面的两个图层的混合模式分别设置成“正片叠底”模式。

现在看到：在CMYK模式中，青加品红为蓝色，青加黄为绿色，品红加黄为红色。青品黄相加为黑色。颜色越少也就是印刷的油墨量越少越亮。这种模式称之为色料的减色法。

注意：这个三色合成的黑色并不是真正的黑色，因此，在印刷中另有纯黑色的K版。

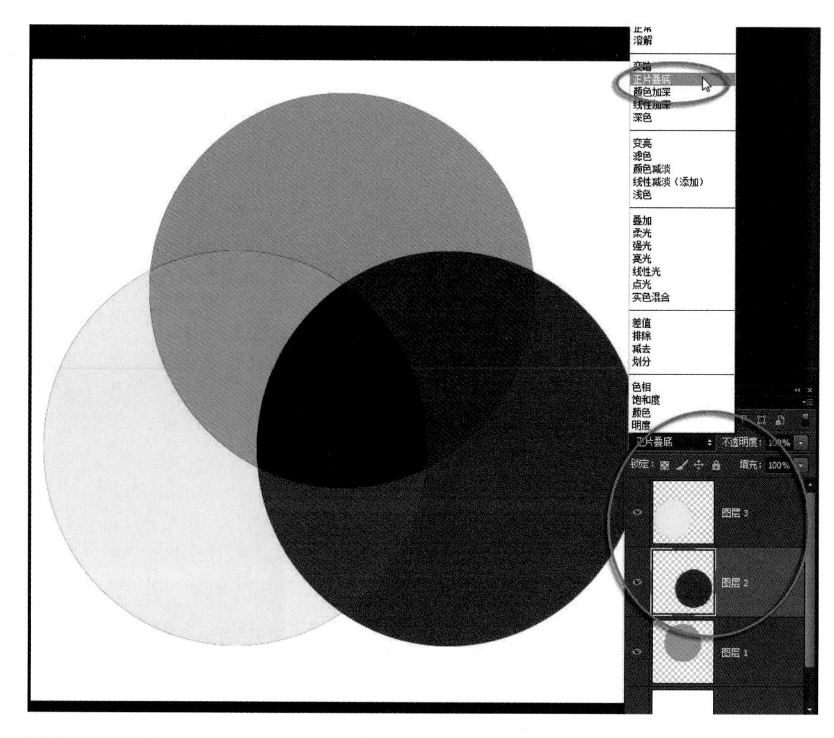

对比RGB色彩模式和CMYK色彩模式，我们发现它们互为逆向相反。RGB反过来就是CMYK了。

我们处理数码照片，必须时刻牢记色彩模式中三原色的相互关系。尤其是RGB红绿蓝的关系，对于我们理解照片的颜色，正确操作处理颜色，至关重要。因为我们所有的操作，都是基于RGB三原色的色彩关系。

在这本书中我们只讲了RGB的关系。

必须明白，在一幅数码照片处理中，如果要增加红色，这与减少青色从理论上讲是一样的。而减少青色在实际操作中就是减少绿色和蓝色。那么，反过来，同时增加绿色和蓝色，也就是减少红色。其他颜色的加减，以此类推。

RGB相互的色彩关系必须在我们的头脑中非常清晰，这样我们才能在处理数码照片色彩时，做到心中有数，运用自如。

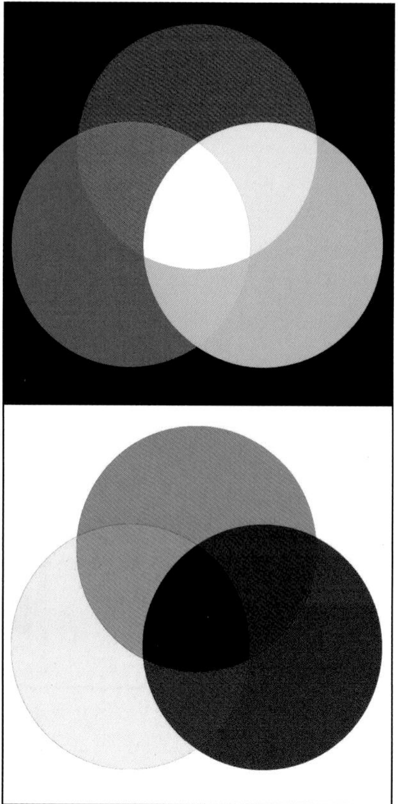

观察照片色彩信息

任意打开一张颜色丰富的照片。这里以随书“学习资源”中的一张03.jpg作为实例。

按F8键打开信息面板。

鼠标在图像中任意移动，信息面板上将显示鼠标光标所在位置的颜色信息，列出了相应的RGB参数值和对应的CMYK参数值。

用放大镜工具将图像尽量放大，可以看到一个一个整齐排列的像素了，这里的每一个像素都是由不同比例的RGB红、绿、蓝参数组合而成的。

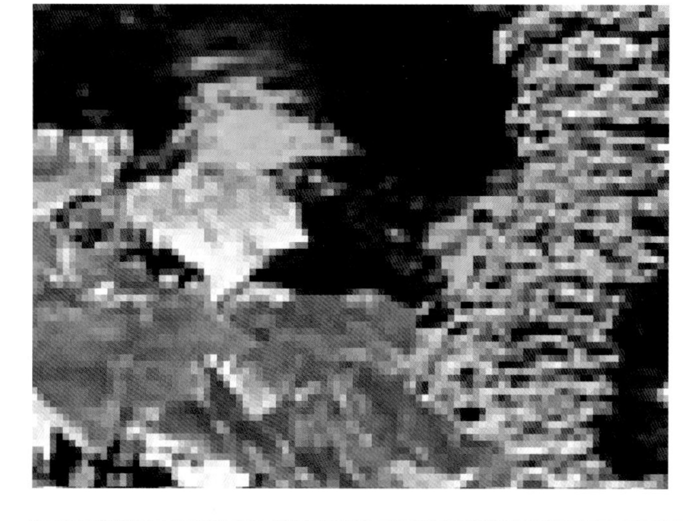

如果需要记录一些颜色信息，可以在工具箱的吸管中选择颜色取样器工具。

用颜色取样器在图像中寻找所需的颜色点，在相应位置单击鼠标，这个坐标点的位置和颜色信息就记录在信息面板上了。但是信息面板上只能记录最多4个颜色取样点的信息。

从这些颜色取样点的信息中，我们一方面可以得知这个点的RGB参数信息，另一方面也要主动训练自己判断的颜色信息与实际测到的大致相符的能力。

最终效果

这个练习看似简单，实际上却是非常重要。

我们通过这个实例练习了解了RGB色彩关系，知道了我们照片中的万紫千红都是由红、绿、蓝三原色组合而成的。在以后的实际工作中，按照这样的色彩关系来分析处理颜色，是我们思考颜色问题的基本出发点。

色彩空间实验 04

色彩空间是可见光谱中的颜色范围，也称为色域。不同的色彩模式有不同的色域，而色彩又受到硬件设备的影响，于是，即便是同一种色彩模式在不同的硬件上，也会有不同的色域。我们处理数码照片是基于RGB模式的，但RGB色彩模式又分为很多种，这些不同的RGB对于我们处理数码照片的操作技术本身没有关系，但会影响到我们输出数码照片（包括在不同的计算机上显示，在不同的软件中浏览）的色彩还原效果。大致了解色彩空间的知识，对于保证输出图像的色彩还是很有必要的。

准备图像

选择“文件\新建”命令建立一个新文件。

在弹出的“新建”对话框中，设置新文件的宽度和高度均为800像素，分辨率为72像素/英寸。颜色模式为RGB8位。单击“确定”按钮退出。

建立了一个新的正方形的图像文件。

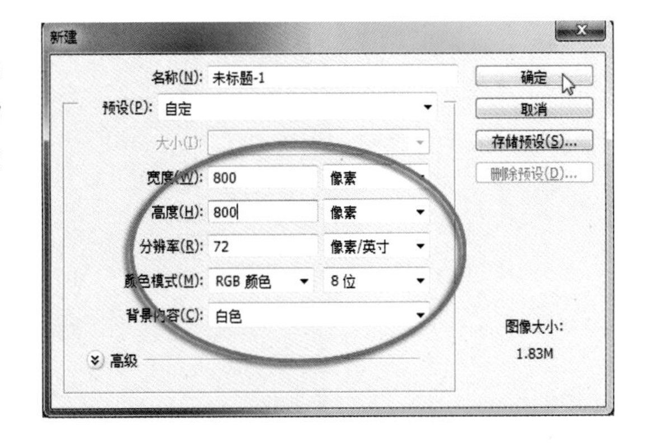

在工具箱中选择渐变工具，在上面选项栏中打开渐变颜色库，选择色谱，渐变方式选择第一种线性渐变方式。

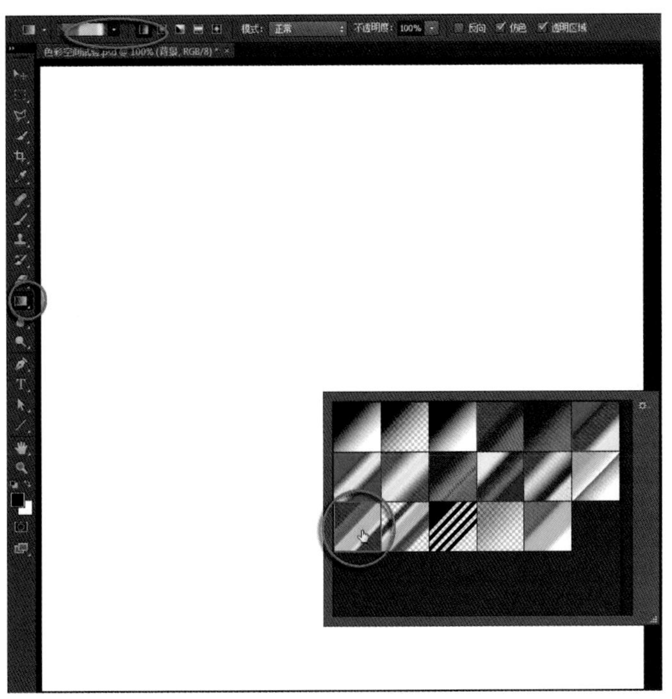

用渐变工具在图像中从左到右拉出渐变线填充颜色。渐变线的起点和终点要靠近图像的左右边缘。

在拉出渐变线的同时，按住Shift键，以确保拉出水平的渐变线。

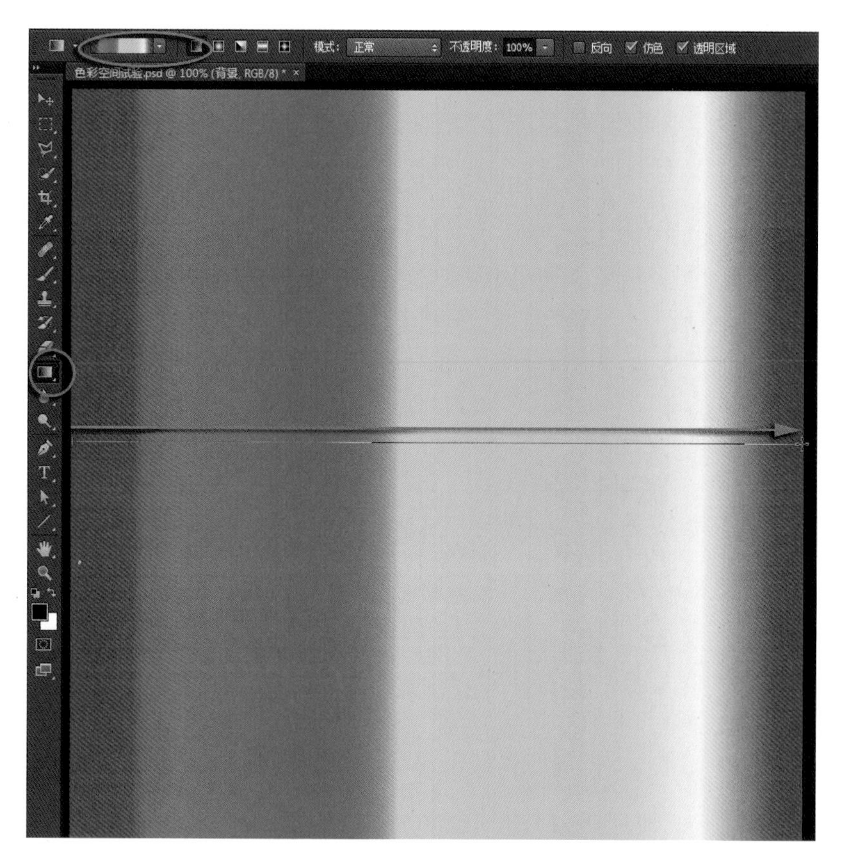

按F7键打开“图层”面板，在图层面板最下面单击创建新图层图标，产生一个新的图层1。

在工具箱中仍然选择渐变工具，设置前景色为默认的黑色、背景色为默认的白色。在顶上的选项栏中打开渐变颜色库，选择第一个前景色到背景色渐变，渐变方式仍然是线性渐变。

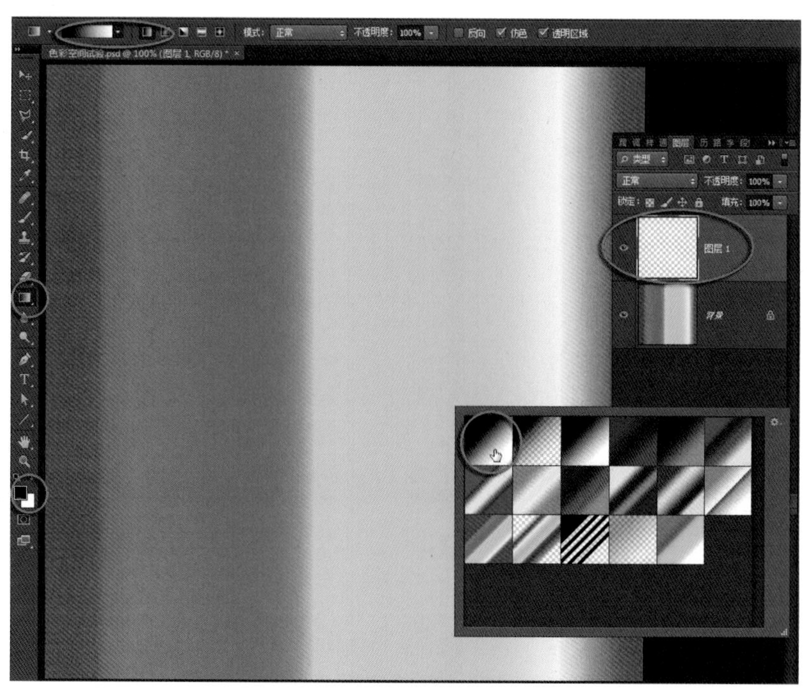

用渐变工具在图像中从下到上拉出渐变线填充颜色。渐变线的起点和终点要靠近图像的上下边缘。

在拉出渐变线的同时，按住Shift键，以保证渐变线能垂直，最后先松开鼠标后松开Shift键。

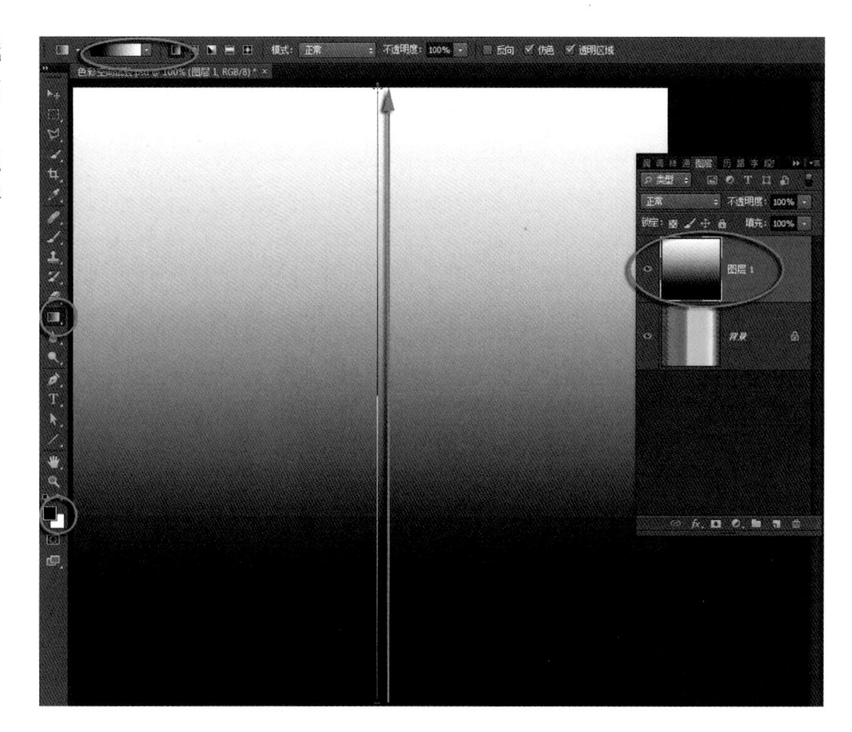

制作RGB色彩空间效果

在图层面板最上面打开图层混合模式下拉列表，选择“明度”模式。可以看到图像中的色彩发生了变化，这就是RGB的色彩空间，上面是RGB值均为255的白色，下面是RGB值均为0的黑色，中间是不同明度RGB的分布效果。

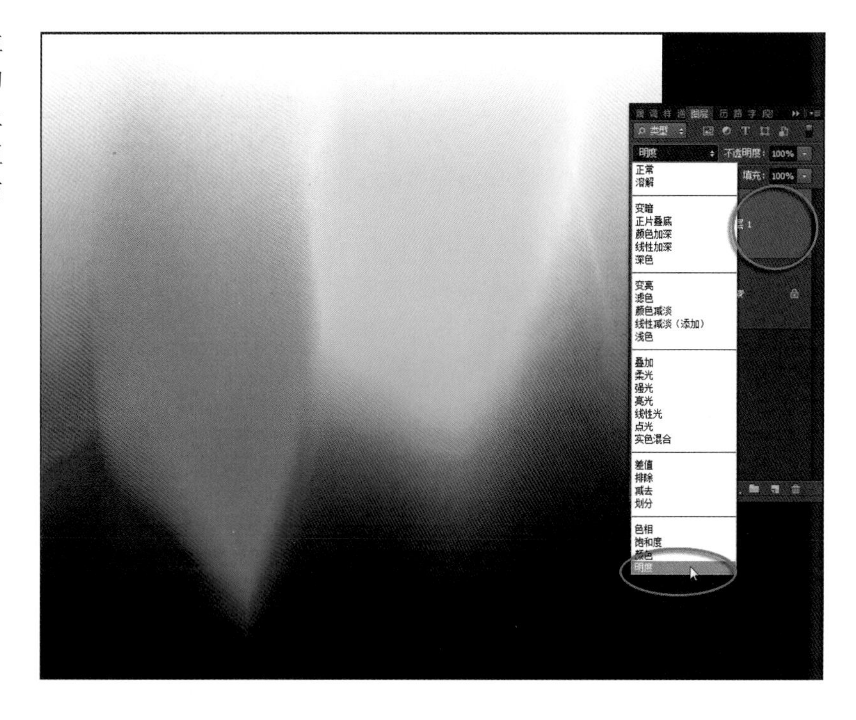

我们对这个RGB的色彩空间应该是似曾相识。

按F6键打开“颜色”面板，发现在颜色面板的最下面，其实就是这个色彩空间图，只是为了节省空间将它压扁了。

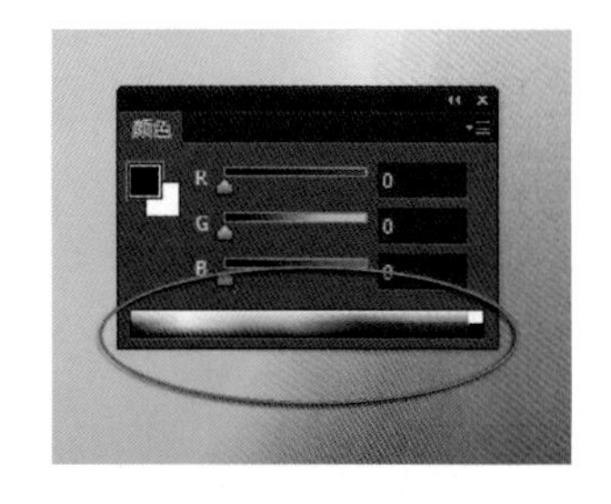

打开图层混合模式下拉列表，依次选择各项混合模式，可以看到色彩空间的变化。

选择“实色混合”模式，可以清楚地看到RGB与CMY之间的关系。红、蓝相加为品红色，蓝、绿相加为青色，红、绿相加为黄色。

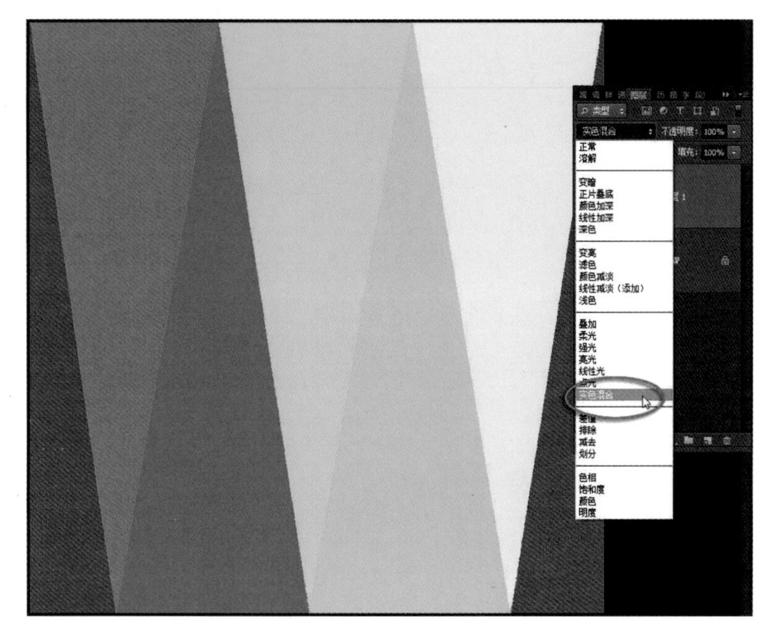

在图层混合模式下拉列表中选择“浅色”模式，色彩产生了一个起伏的曲线。

这个曲线告诉我们，两个原色相加所产生的间色比原色要亮。红、蓝相加产生的品红色比红、蓝色亮，蓝、绿相加产生的青色比蓝、绿色亮，红、绿相加产生的黄色比红、绿色要亮。

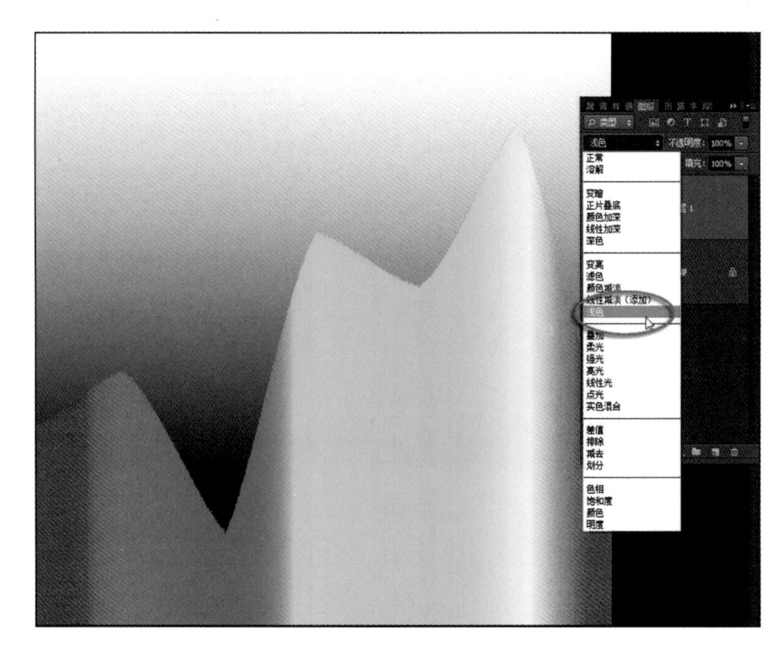

仍然将图层混合模式设置为“明度”。

按Ctrl+Shift+Alt+E组合键，将当前图像做盖印。在图层面板上可以看到，当前图像效果成为一个新的图层2。

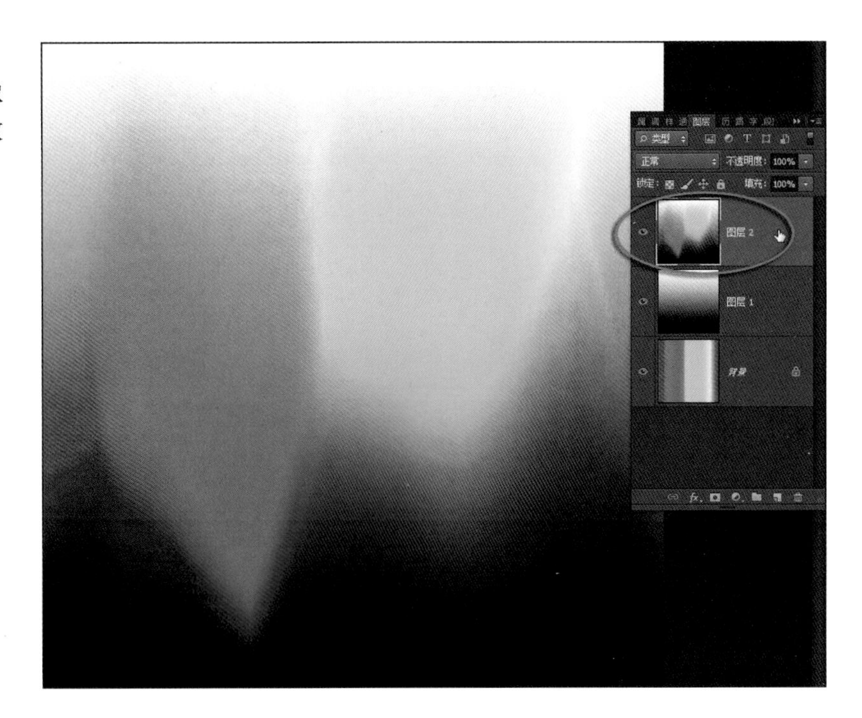

选择“滤镜\扭曲\极坐标”命令，在弹出的“极坐标”对话框中，确认下面选择的是“平面坐标到极坐标”选项，单击“确定”按钮退出。

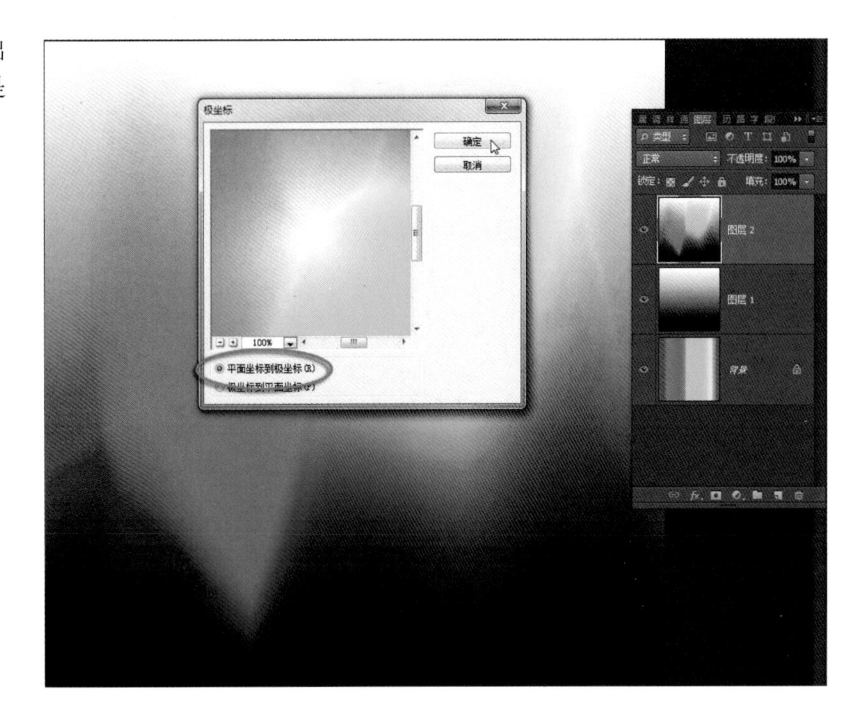

现在我们看到一个如同宇宙空间中绚丽行云一样的东西，这就是模拟的RGB色彩空间。

它与实际的RGB色彩空间并不完全相等，我们目前只能做到这一步。

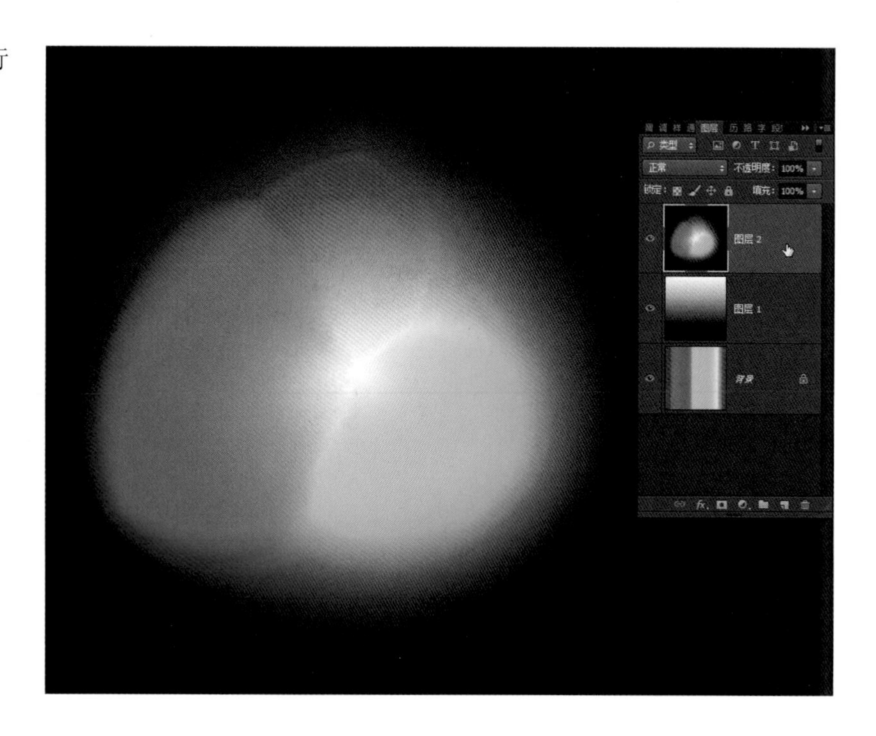

对比不同RGB色彩空间

我们知道这是一个RGB的色彩空间，但是RGB色彩空间还分为很多种，现在这是哪一种？各种不同的RGB色域有什么差别？

选择“编辑\指定配置文件”命令，在弹出的询问框中提示“更改文档配置文件会影响图层外观”，意思是说在这里看到的颜色会发生变化，单击“确定”按钮继续指定配置文件。

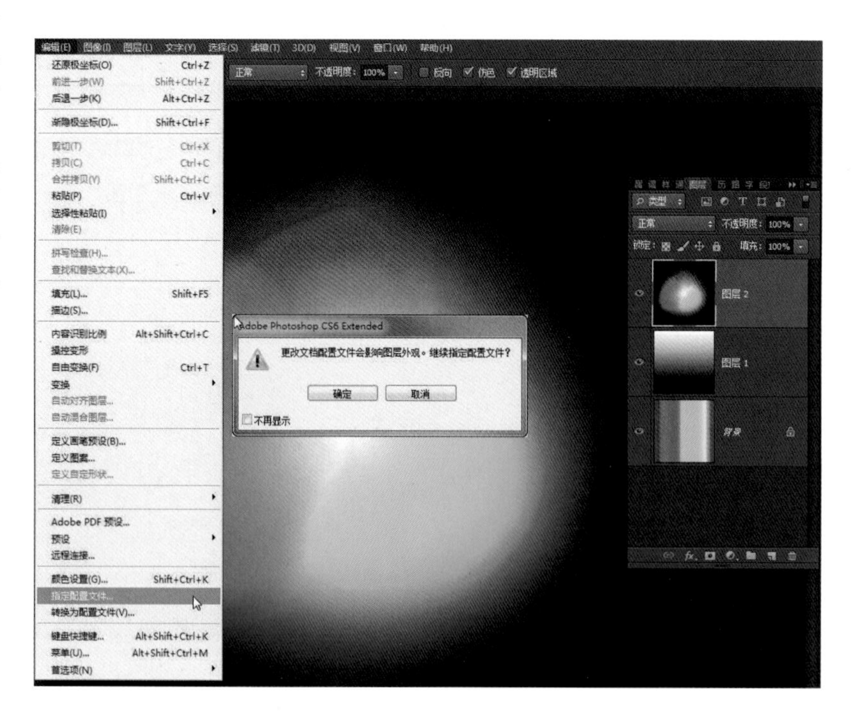

在弹出的“指定配置文件”对话框中，打开配置文件下拉列表，可以看到两组命令选项。第一组是用于图像处理的各种软件系统所使用的RGB模式，第二组是各种制式的电视显示器所使用的RGB模式。

我们处理数码照片只需选择第一组。

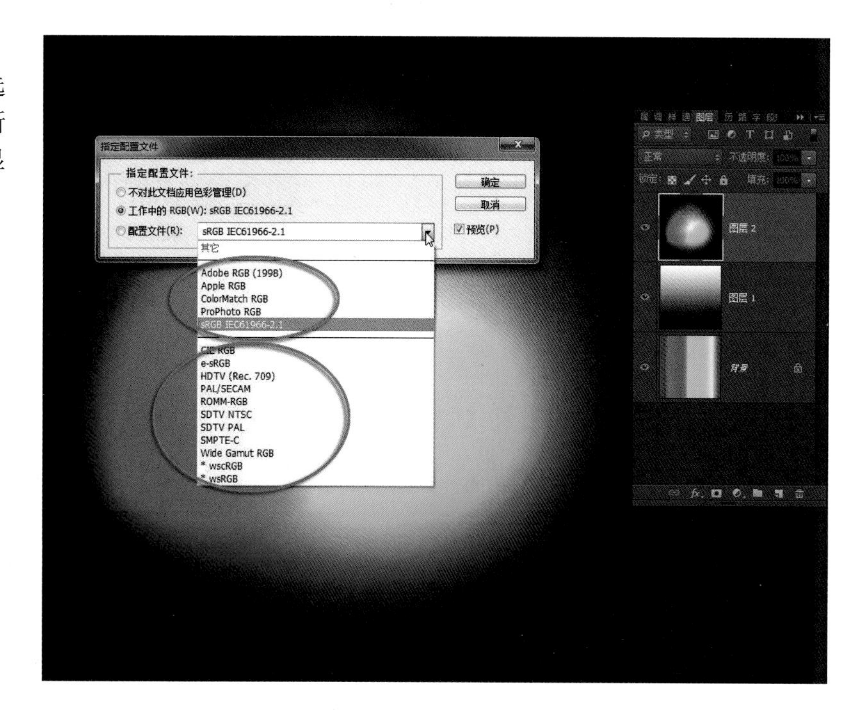

显示器默认的是sRGB IEC61966-2.1，也是网络系统中默认的模式。

选择第一个RGB色彩模式后，用键盘上的上下方向键依次选择不同的RGB色彩模式，可以看到各个模式之间的差别。

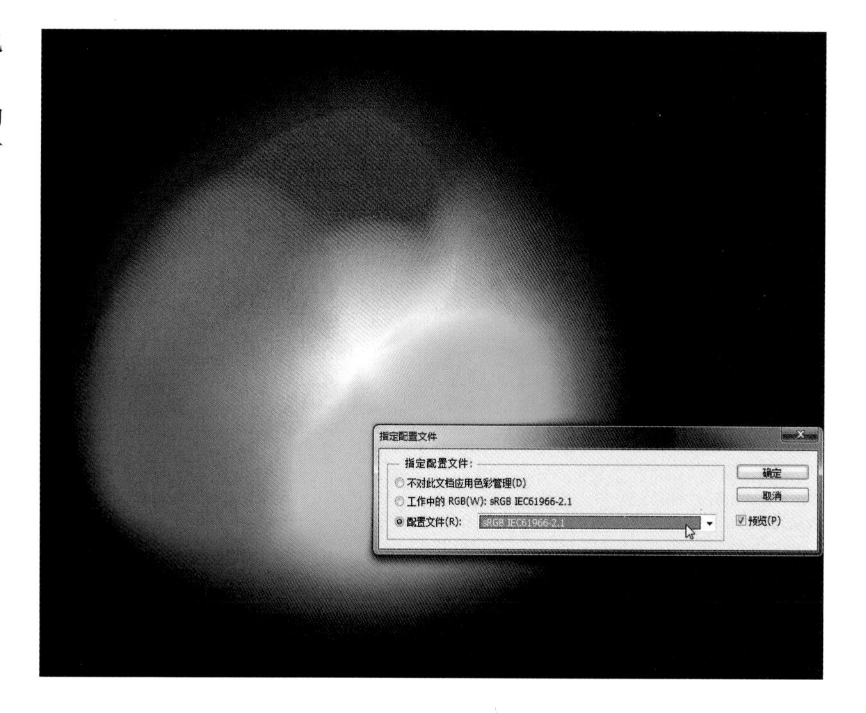

各种RGB色彩模式与相应的硬件相配套，显示出来的色彩效果在明暗的区域、饱和度的变化范围等都有很大差别。

别看都是RGB，其实它们的差别还是很大的，究竟使用哪一种RGB模式输出图像，将直接影响到我们照片的颜色质量。

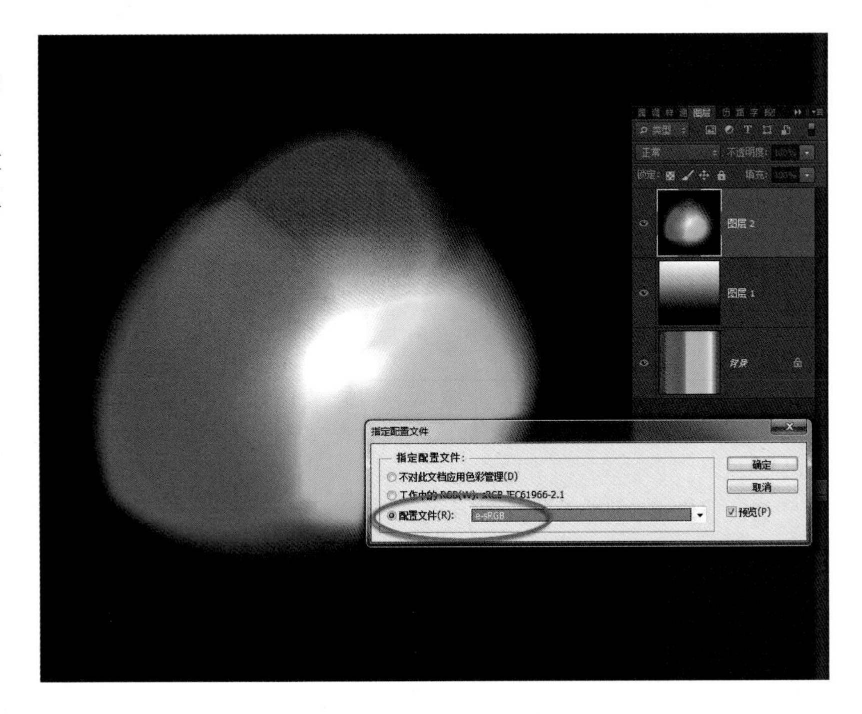

经过反复对比，可以感觉到ProPhoto RGB的色域是最大的。实际也是这样，ProPhoto RGB是能被我们利用的最大空间，被称为色彩空间之王。更重要的是，数码相机使用RAW格式时，它的默认空间就是最大的ProPhoto RGB。

反过来说，使用RAW格式拍摄的照片，如果不使用ProPhoto RGB 模式，大量的色彩信息就被白白丢掉了。

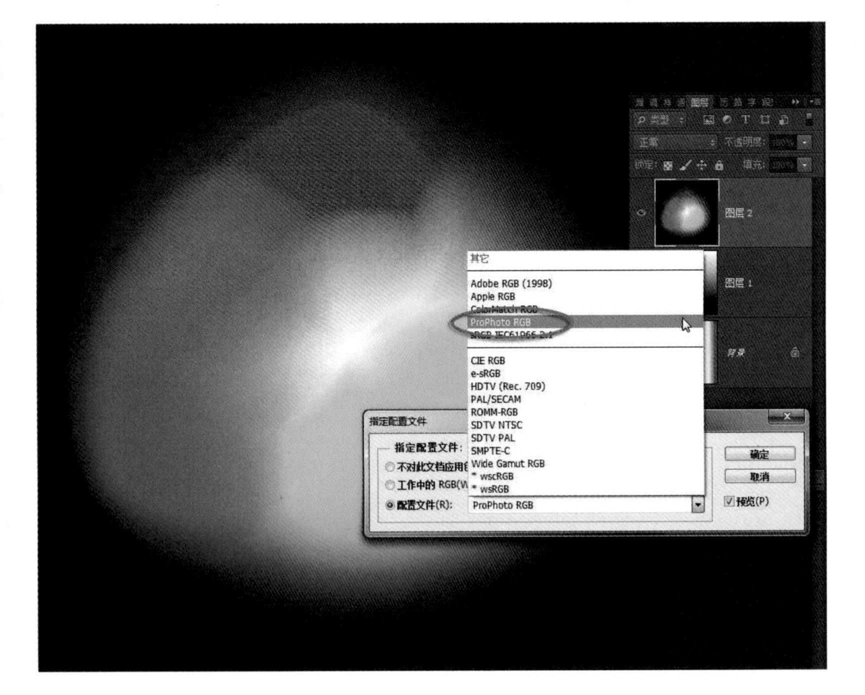

指定配置文件后，这个图像所使用的色彩模式就作为ICC文件记录在图像文件中。以后不管在哪个计算机上打开这个图像文件，都会按照ICC文件的信息，用文件所使用的RGB模式解读还原图像的色彩。

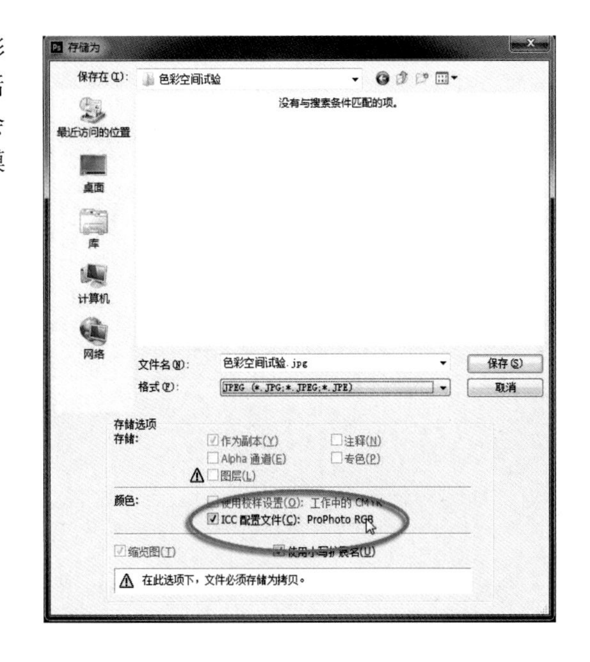

几点认识

第一，这个实验对于认识色彩空间很有意义，我们看到了色彩空间建立的过程，尽管最终得到的色域是模拟的，但基本原理已经明白了；

第二，了解到RGB多种不同的模式，各个RGB模式之间居然还有如此大的差异；

第三，ProPhoto RGB模式是色域空间最大的，拍摄RAW格式照片默认就是ProPhoto RGB模式，后期处理数码照片应该首选这个模式；

第四，色彩模式受到硬件和软件的限制，要根据输出的需要设置合理的模式，并非设置为ProPhoto RGB模式就万事大吉了，因为一般的显示器都达不到ProPhoto RGB模式的色域显示；

第五，色彩空间的设置很重要，它直接关系到图像的输出质量，但是与图像处理的操作技术关系不大。因此，如果您对这部分内容感到吃力，大可不必伤心。跳过这一部分，软件中用默认设置就可以。

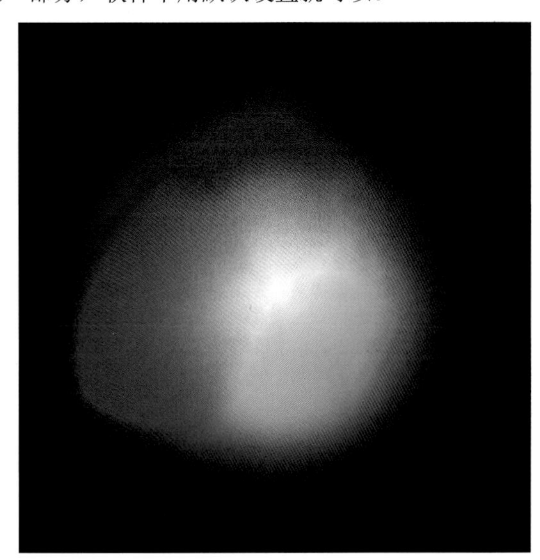

设置所需的色彩空间 05

色彩空间也称为色域，是人们按照一定的坐标系统建立起来的色彩范围。这些不同的色彩空间应用于不同的领域，我们在处理图像的过程中，设置所需的色彩空间，是确保图像色彩正确还原、准确输出的重要环节。常用的色彩空间有RGB、CMYK、灰度等，我们在操作中经常需要在几个色彩空间之间转换。设置合理的色彩空间参数，才能使这些转换尽可能少的损害图像色彩质量。

设置选项

选择“编辑\颜色设置”命令来设置所需的颜色空间。

在弹出的“颜色设置”对话框中，上面有“设置”下拉列表，下面分为工作空间、色彩管理方案和说明3个部分。

在最上面的提示中有一个词：Creative Suite，可以翻译为“创意套件系统”。它是Adobe公司出品的集图形设计、影像编辑与网络开发为一体的软件产品套装。该套装包括电子文档制作软件Adobe Acrobat、矢量动画处理软件Adobe Flash、网页制作软件Adobe Dreamweaver、矢量图形绘图软件Adobe Illustrator、图像处理软件Adobe Photoshop和排版软件Adobe InDesign等产品。

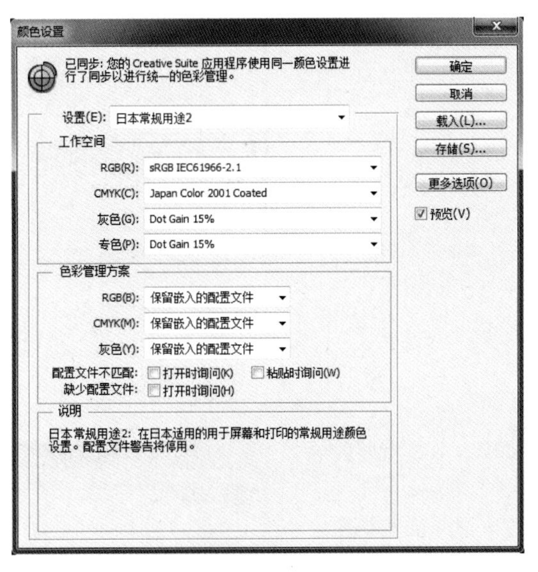

打开“设置”下拉列表，这里有6个预设选项，其中只有“日本常规用途2”的选项与Creative Suite是同步的。也就是说，只有在这个选项时，Photoshop的色彩空间与Adobe的套装软件的色彩空间才能都是一致的。因此如果您需要在这个套装软件之间跨平台操作，要使用这个套装中的多个软件，那就需要选择“日本常规用途2”的选项了。

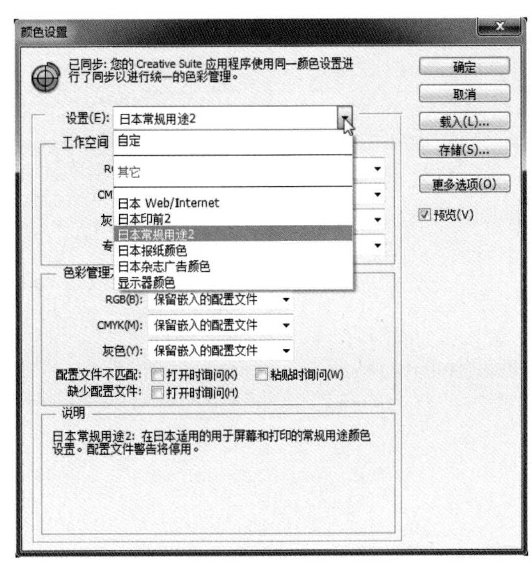

如果您处理的数码照片只在计算机中使用，只在网页中发图，那就可以在“设置”下拉列表中选择“日本Web/Internet”选项。选中后，下面所有选项都是匹配网络浏览图像的色彩要求的，其RGB选项自动设置为sRGB IEC61966-2.1，因为网络系统使用的是sRGB色彩空间。

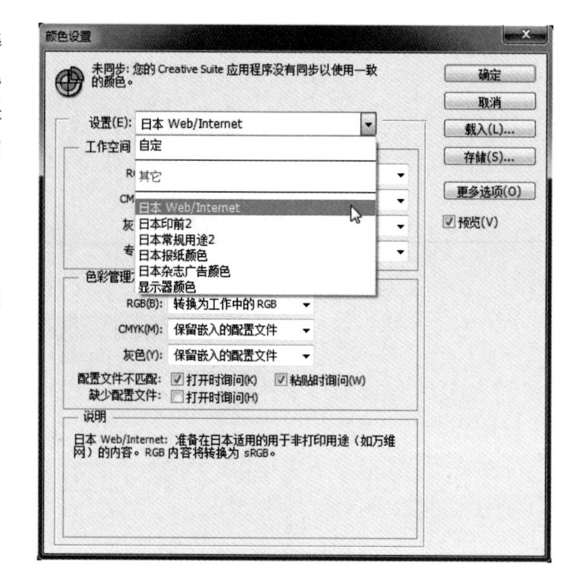

实际上，这是一个可以考虑的不错的选择。因为我们处理的数码照片基本上都是在电脑屏幕上观看的，选择sRGB色彩空间可以保证在电脑屏幕，以及在各个网站上发图观看的数码照片的颜色都是基本一致的。

这时把数码照片送到数码冲印店去输出，那里的色彩空间转换也是我们控制不了的。

但是这个选项不适合处理RAW文件按照ProPhoto RGB色彩空间导出的照片。

设置工作空间

这里有一个对于我们摄影人非常重要的选项，就是ProPhoto RGB。

选择ProPhoto RGB选项，从下面的说明中可以得知，这是所有RGB色彩空间中色域最大的。这个色彩空间是数码相机的JPG和TIF图所无法达到的，必须使用RAW格式拍摄的照片才能设置ProPhoto RGB。

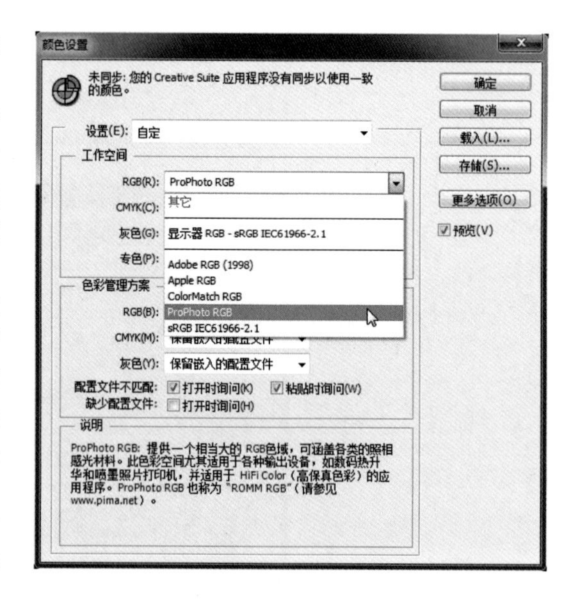

既然ProPhoto RGB色域是所有RGB中最大的，那当然选它最好了。但是，你别相信下面说明里面的话，实际上多数普通的输出设备都不能完美地支持它，网络显示也不支持它，我们的非高端专业的电脑显示器也不能真正显示它的所有颜色。

我建议，还是要选择ProPhoto RGB，而在导出的时候再转换为所需的、合适的色彩空间。

ProPhoto RGB是近几年才出现的色彩空间模式，在早前的Photoshop版本中还没有这个选项。

除此之外，Adobe RGB（1998）是最大的色彩空间。如果没有ProPhoto RGB，最好就是选择这个Adobe RGB模式了。

对于广大使用PC计算机的用户，不建议使用Apple RGB和ColorMatch RGB模式。

而sRGB IEC61966-2.1模式是所有软硬件都普遍支持的色彩空间，具有最广泛的使用空间，使用这个模式可以在网络、显示器、各种软件之间获得一致的色彩还原。但这个色彩模式的色域是相对较小的。

需要注意的是，我们在这里设置的色彩模式是用于工作空间的。也就是说，Photoshop是使用这个色彩空间来进行图像处理操作的。所以，我们当然希望这个工作空间的色彩空间越大越好。

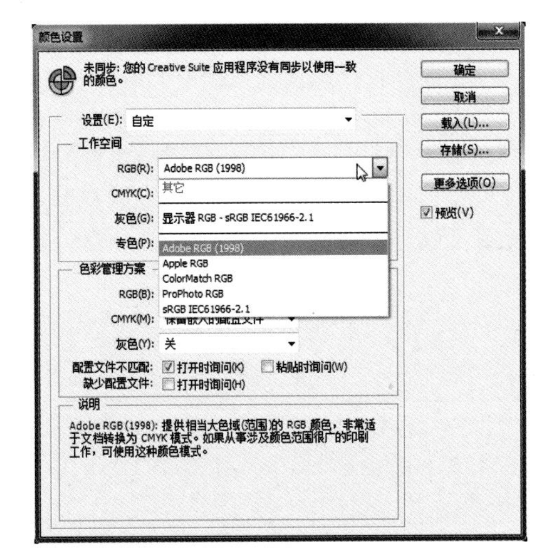

刚才设置了RGB的工作空间，再来看CMYK的工作空间。

CMYK色彩模式是用于非电脑屏幕显示图像的，大多数是纸质的，也可以是热升华等输出方式用于布、木质、金属、瓷器等材料的表面。

打开CMYK下拉列表，这里有很多世界各种印刷喷绘打印选项。除非我们知道处理后的照片输出使用哪个，否则选择就是盲目的。因此，还是使用默认值为好。

RGB是加色法，而CMYK是减色法，二者之间的转换肯定是不相等的，对色彩肯定是有影响的。我们只能希望转换色彩空间的差别越小越好。

灰色和专色对于我们摄影人极少使用，就用默认值吧。

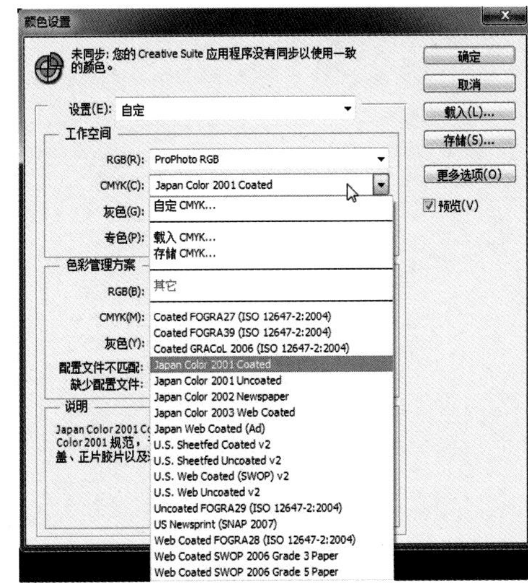

设置色彩管理方案

再来看色彩管理方案的设置，这里的设置关系到处理后的照片文件使用什么方式输出。

打开RGB下拉列表，只有3个选项。

建议选择“保留嵌入的配置文件”选项。因为在Photoshop中打开的图像文件，如果已经定义使用了某个色彩空间，那还是使用原色彩空间为好。如果原片使用的就是sRGB模式，那即便是选择“转换为工作中的RGB”，或现在工作空间是ProPhoto RGB，色彩也不会再增加了，转换成大的色彩空间也是没有意义的。把小空间转换成大空间，不会增加原来没有的新颜色。

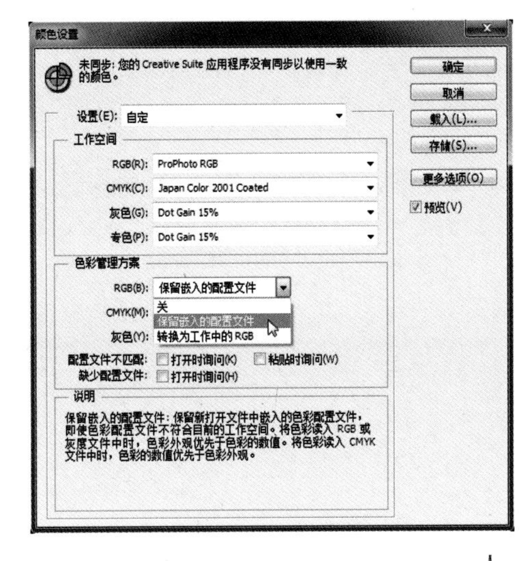

再来设置第二项CMYK色彩管理方案。

建议选择“转换为工作中的RGB”选项。因为如果为了印刷要转换为CMYK模式，在Photoshop中处理图像时已经使用了前面工作空间设置的CMYK模式，操作者已经看到转换后的颜色效果，并且已经认可了。这时当然使用工作空间的RGB效果更直观，如果保留原来文件中的CMYK配置文件，则还可能会发生新的色彩转换变化，与现在处理的效果又不一样了。

当然，如果输出方要求必须使用原配置文件则另当别论。

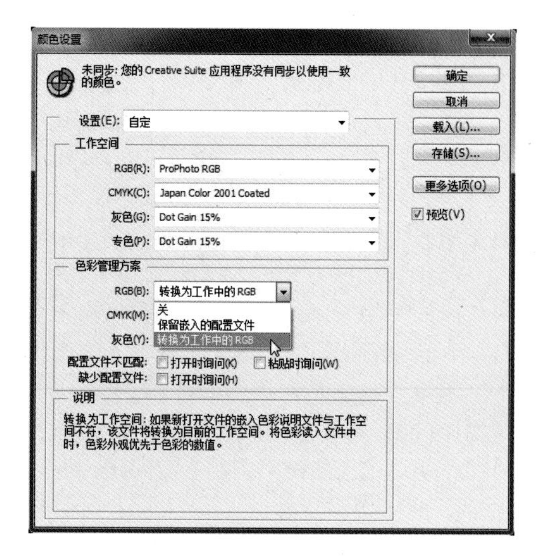

灰色是单通道的，我们的数码照片处理基本用不到。数码照片即便是纯黑白的，大多数人还是使用的RGB模式，而不是单通道的灰度模式。因此，这个灰色选项可以选择关闭。

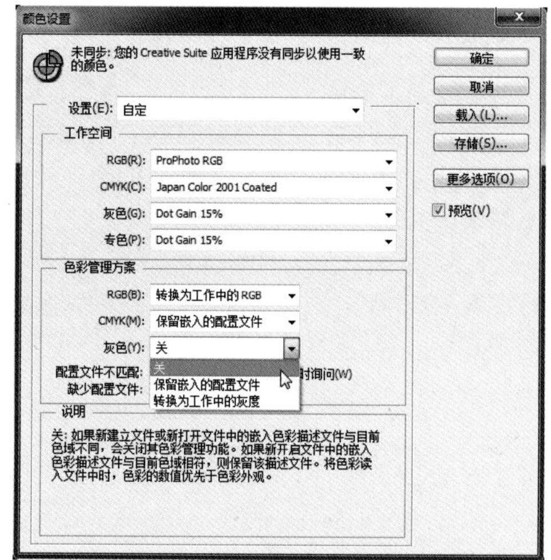

对于配置文件不匹配的选项，建议勾选“打开时询问”选项。因为当打开一个新文件时，它的颜色配置与我们当前设置的色彩空间不匹配的时候，需要选择是否更改这个新文件的色彩空间设置，这时当然是有询问提示为好。

粘贴时，复制的图像如果与目标文件色彩空间不符，当然应该以目标文件为准，因此这时的询问意义不大。

至于缺少配置文件，打开时是否询问，这对于数码照片处理来讲也没有太大的意义。

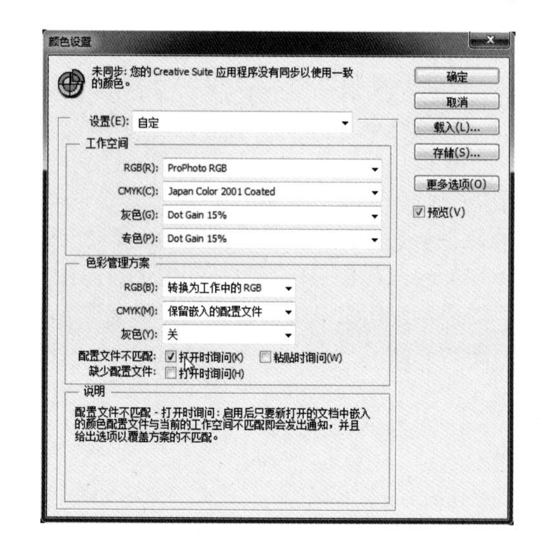

其他设置选项

在对话框的右侧还有“载入”选项，可以载入其他已经存储过的特定的色彩空间设置。“存储”可以将当前设置的特定色彩空间存储为一个文件，以备需要的时候载入调用。

单击“更多选项”可以在对话框下面打开更多的设置选项。坦率地说，这些选项我也不懂，查不到相关的资料，下面的说明也如读天书，做了半天试验也没有明确的结果。先保留默认值吧，其他留待日后慢慢研究了。

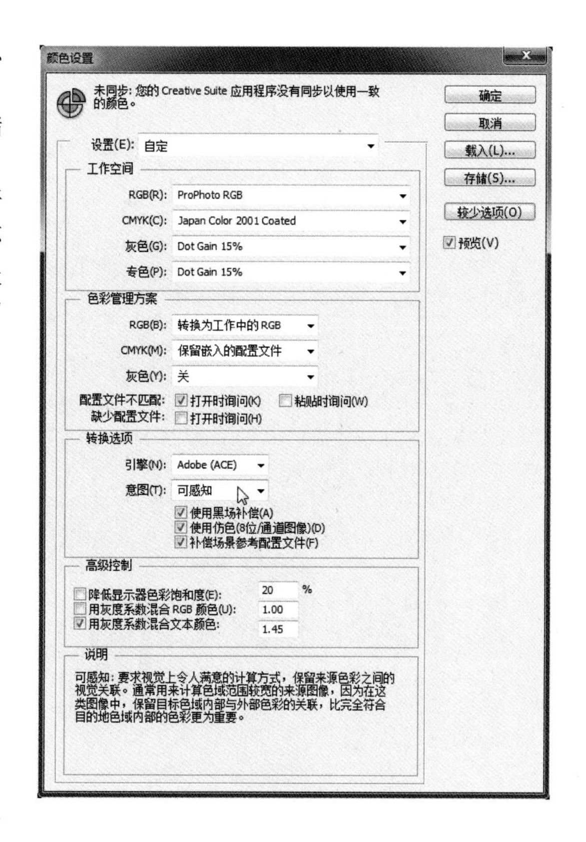

几点认识

第一，色彩空间的设置直接影响图像的色彩质量，设置合理的色彩空间非常重要。

第二，ProPhoto RGB模式是色域空间最大的，使用这个色彩空间能够尽可能好地利用、还原、保留最丰富的颜色，但是并非设置了ProPhoto RGB模式就一好百好了，如果不能正确设置所需的输出模式，后果更麻烦。

第三，色彩空间设置是个非常专业的问题，听专家讲专业，大多数人都被讲晕。对于一般摄影爱好者处理数码照片，如果实在头疼烦琐的颜色空间设置，那就索性在“设置”下拉列表中选择“日本常规用途2”，所有参数为Photoshop默认即可。

本书是以Photoshop CS6版本撰写的，在后来的Photoshop新版本中，这些界面有更新，基本功能没有变化，但选项内容增加很多，选项位置有所调整。使用新版本的读者可以根据自己使用的版本，查找相应内容进行设置。

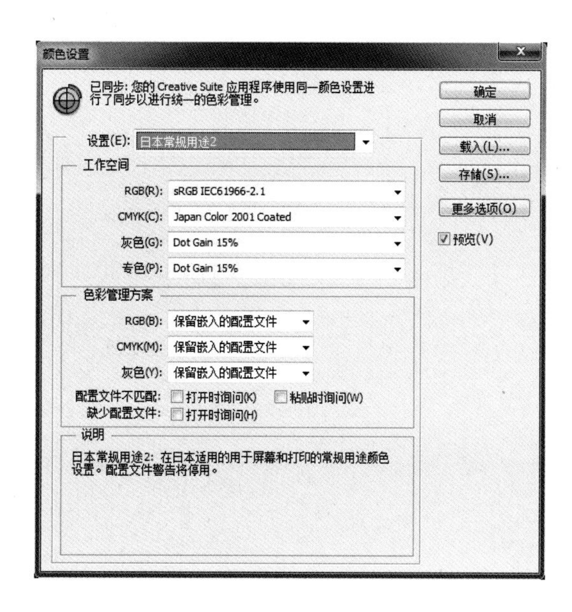

色彩空间的导入与导出 06

我们将数码照片在Photoshop中打开，如果照片中原来配置的色彩空间与Photoshop中设置的工作空间不一致，就有一个需要转换的问题，这就是色彩空间的导入。数码照片处理完成后需要存储为用于输出的文件，在网络上发图，或者送报纸杂志印刷，或者打印成照片，这都需要设置所需的符合输出需要的色彩空间，这就是色彩空间的导出。

色彩空间的导入与导出，直接影响到数码照片的色彩质量。做好色彩空间的导入与导出非常重要，但是讲清楚这个问题却是非常饶舌的，可又不得不讲。

设置选项

从右边这张色域图上可以看到，每一种RGB的色彩空间大小都是不一样的，sRGB最小，ProPhoto RGB最大，而Adobe RGB介于二者之间。如果Photoshop中设置的色彩空间与要打开的数码照片里的色彩空间不一致，那就要做相应的设置，以保证照片在Photoshop中打开后，色彩能正常还原。而这种转换设置并不是几句话就能讲清楚的。

因此，最好是将自己使用的计算机中的Photoshop中的色彩空间与自己数码相机的色彩空间设置为一致的。

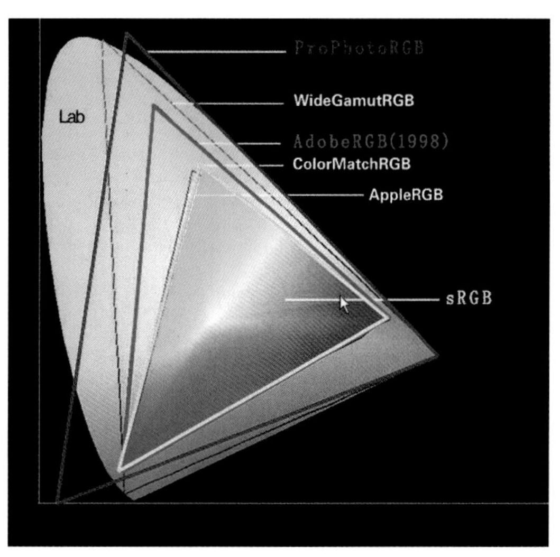

打开Photoshop，选择“编辑\颜色设置”命令来设置所需的颜色空间。

最简单的方法就是选择默认的“日本常规用途2”的选项。在“配置文件不匹配”选项中，勾选“打开时询问”，为的是在打开的照片色彩空间与目前设置的工作空间不一致时，能根据需要做主动选择。更改任何一项设置后，上面的“设置”变为“自定”，不必在意。单击“确定”按钮退出。

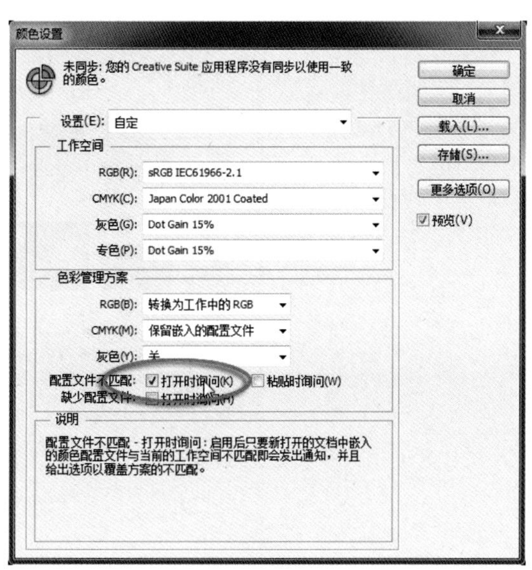

导入转换色彩空间

打开随书“学习资源”中的图像文件“八方亭夕阳.jpg”。

这是一个从RAW格式转换过来的图像文件，色彩空间是ProPhoto RGB，颜色位深是16位。

因为刚才设置了配置文件不匹配，打开时询问，因此现在会弹出“嵌入的配置文件不匹配”询问框。可以看到原文件嵌入的是ProPhoto色彩空间，而软件中使用的是sRGB色彩空间。这时选项询问“您想要做什么？”此处选择默认的“将文档的颜色转换到工作空间”，单击“确定”按钮退出。

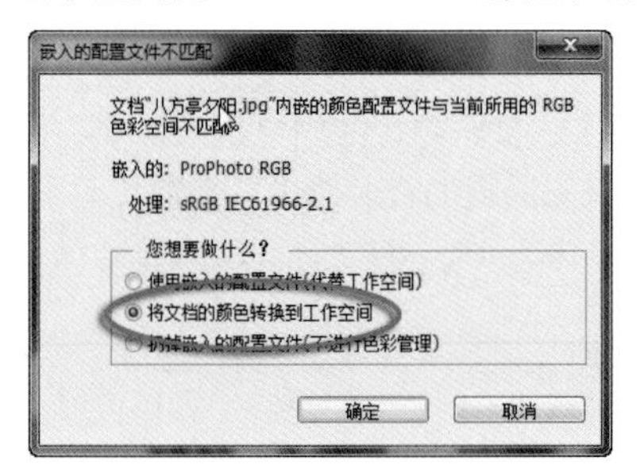

这时，图像原配的ProPhoto RGB已经被转换为当前软件中的sRGB。然后处理图像，没有发现什么别扭，我们这里就不再折腾了，只当后期处理操作都完成了，需要存储输出了。想起来这个图像原本使用的是ProPhoto RGB色彩空间，于是选择“编辑\指定配置文件”命令，在弹出的对话框中选择“配置文件”选项，打开下拉列表，选择ProPhoto RGB，心想还回到原来的大色域不好吗？不料，图像的色彩已经发生突变，不知所措了。尝试着单击“确定”按钮退出。

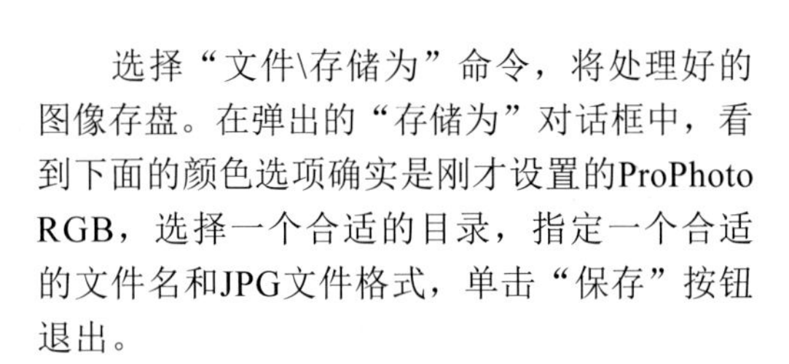

选择“文件\存储为”命令，将处理好的图像存盘。在弹出的“存储为”对话框中，看到下面的颜色选项确实是刚才设置的ProPhoto RGB，选择一个合适的目录，指定一个合适的文件名和JPG文件格式，单击“保存”按钮退出。

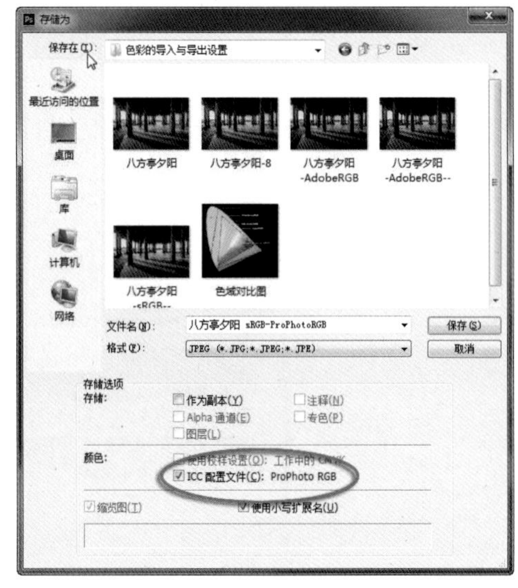

这时弹出“JPEG选项”对话框，发现对话框右侧有提示“预览和文件大小只能用于8位图像。更多预览选项在……”原来，JPG图像不支持16位颜色，只能保存8位的颜色。

单击“确定”按钮退出，当前文件被另存为一个新的图像文件。

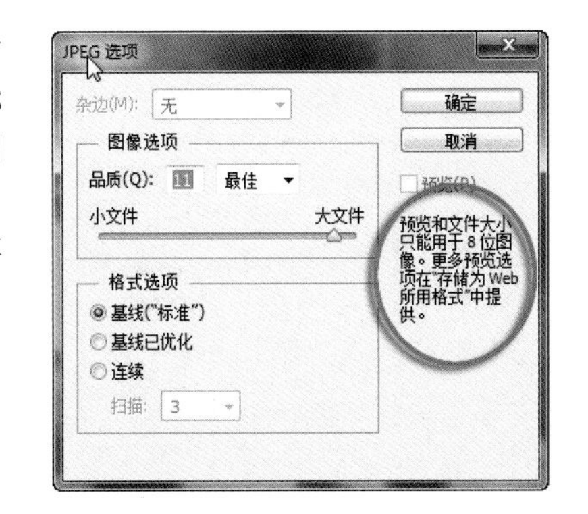

在资源管理器或者ACDSee等图像浏览器中观看，效果还可以。因为这张图在导入处理的时候，已经转换为sRGB模式，即便是另存时又转成ProPhoto RGB，也已经没有实际用处了，不会再扩大其工作的sRGB色域了。

在Photoshop中再次打开“八方亭夕阳.jpg”文件。

弹出“嵌入的配置文件不匹配”提示框，这次选择“使用嵌入的配置文件（代替工作空间）”选项，意在保持使用原文件中的ProPhoto RGB色彩空间来工作。单击“确定”按钮退出。

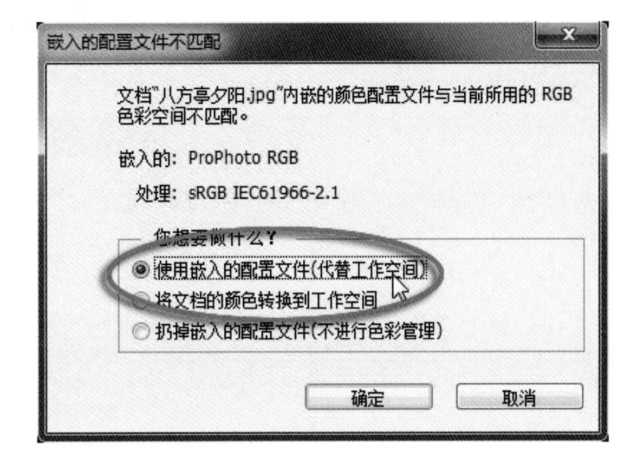

在Photoshop中经过各种图像处理工作，完成后就可以输出文件了。选择“编辑\转换为配置文件”命令，意在将输出的图像转换成输出方的软硬件能够支持的色彩空间。

在弹出的“转换为配置文件”对话框中看到源空间的配置文件是ProPhoto RGB。打开目标空间的配置文件下拉列表，选择sRGB模式，单击“确定”按钮退出。

选择“文件\存储为”命令将文件另存。在弹出的“存储为”对话框下方可以看到当前文件的颜色配置为sRGB。设定所需的保存目录和文件名，以及JPG格式，单击“保存”按钮退出。

这个图像在资源管理器或者ACDSee等图像浏览器中观看，或在网络上发布浏览，也是不会有问题的。但是原本的ProPhoto RGB空间在存储时转为sRGB，肯定是缩小了色彩空间的。

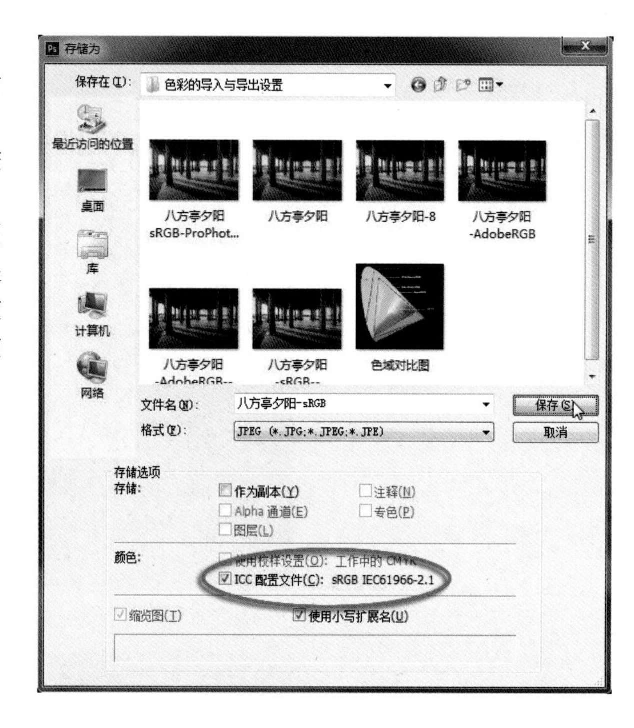

导出转换色彩空间时的色差

再次在Photoshop中重新打开“八方亭夕阳.jpg”文件。

在弹出的“嵌入的配置文件不匹配”提示框中，再次选择“使用嵌入的配置文件（代替工作空间）”选项，仍然保持使用原文件中的ProPhoto RGB色彩空间来工作。单击“确定”按钮退出。

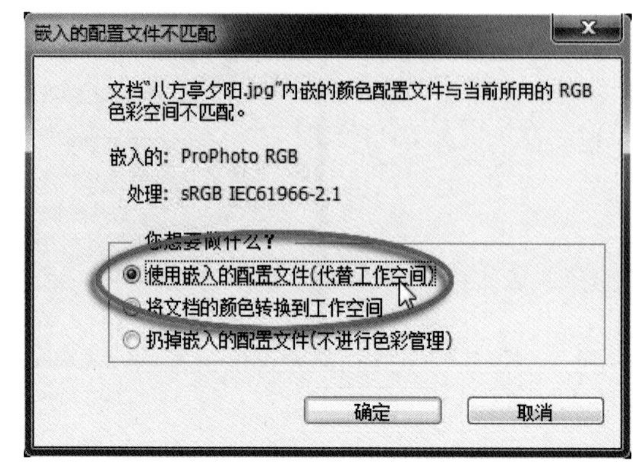

当我们在Photoshop中做完所有图像处理操作后，准备存储文件前，选择“编辑\转换为配置文件”命令，在弹出的对话框中打开目标空间的配置文件下拉列表，选择ProPhoto RGB选项，仍然想保留这个最大的色彩空间。

单击“确定”按钮退出。

这就是说，导入的原配置色彩空间是ProPhoto RGB，工作空间却是sRGB，存储输出还保持ProPhoto RGB。

其实要想保持ProPhoto RGB色彩空间不变，应该在打开图像之前，先将“编辑\颜色设置”中的工作空间设置为ProPhoto RGB。这样就能始终保持原片的ProPhoto RGB不变。

再次选择“文件\存储为”命令将文件另存。在弹出的“存储为”对话框下方可以看到当前文件的颜色配置为ProPhoto RGB。设定所需的保存目录和文件名，以及JPG格式，单击“保存”按钮退出。

本想从文件导入到处理全过程，再到文件导出，始终保持最大的色彩空间ProPhoto RGB，以为这样可以不经过色彩空间的转换，希望能尽可能保证色彩质量，哪知道问题出现了。

在资源管理器或者ACDSee等图像浏览器中观看，色彩明显不对，有些偏绿，很惨淡的调子。把这张图发到网页中去浏览，颜色更是惨不忍睹。

反复思考，终于反应过来了，记得专家以前讲过，大多数软硬件都不支持ProPhoto RGB。

我在这里将分别导出的ProPhoto RGB模式和sRGB模式在ACDSee中浏览的效果，想办法组合在一起作对比，可以看出两个色彩空间在同一个浏览器中发生的巨大差异。

我们真的很无奈。ProPhoto RGB色彩空间再好，一般的输出方都不支持。就好比开了一辆凯迪拉克回老家，但俺村的烂泥坑路只有驴车能通过。

所以有人说："ProPhoto RGB是给未来准备的色彩空间"。

在打开图像导入色彩空间的时候还有第三种选择，即"扔掉嵌入的配置文件（不进行色彩管理）"选项，单击"确定"按钮退出，在Photoshop中打开图像后，颜色也很不舒服。它与"将文档的颜色转换到工作空间"的效果完全不一样。

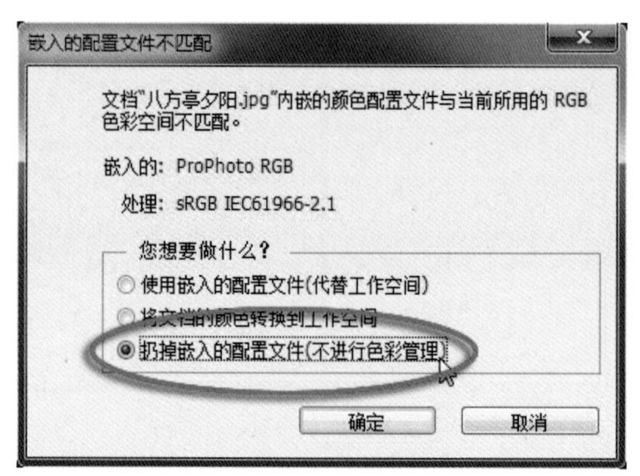

导入转换色彩空间

还有一种情况，两个图像在Photoshop中相互操作，要把一个图像的全部或者局部复制粘贴到另一个图像中，但是这两个图像的色彩空间不一致。

在一个图像中完成复制后，到目标图像中做粘贴，这时会出现“嵌入的配置文件不匹配”的提示框，提示嵌入的色彩空间将被转换为当前图像的色彩空间，其他别无选择，单击“确定”按钮继续操作。

几点认识

第一，色彩空间的导入与导出是一个直接关系到图像色彩质量的大问题，说起来重要，做起来头疼。

第二，使用ProPhoto RGB模式是色域空间最大的，但导入的图像源色彩空间如果比这个小，那导入之后也不会扩展色彩。

第三，色彩空间的导出关键是了解输出方的软硬件支持什么色彩空间，如果只是简单设置最大的ProPhoto RGB，弄不好适得其反会毁了图像的显示效果。

第四，如果实在不知道输出方是否支持ProPhoto RGB模式，可以设置为Adobe RGB模式，即便被动转换为最小的sRGB，也不至于出现太惨烈的结果。

第五，关于转换为印刷色彩模式，我们这里没有讲述，这个工作最好交给承担印刷的专业人员来做。

第2部分 色彩平衡与校正

将第一个滑标移动到最左端，也就是为图像减少到-100的红色。换句话说就是增加+100的青色。可以看到图像中暗部减少红色以后的效果，图像着重在暗调部分偏青。

将第一个滑标复原放回0点。

再来试验高光选项。在色调平衡中选择高光。

将第一个滑标移动到最右端为+100的红色，可以看到图像中高光部分增加了红色，天空的白云都开始偏红，蓝天开始偏紫，而阴影部分变化不大。

将第一个滑标移动到最左端，也就是为图像减少到-100的红色。可以看到图像中高光部分减少红色增加青色以后的效果，天空更蓝了，地面开始偏青。

将第一个滑标复原放回0点。

等量加减

仍然回到中间调选项。

如果将3个滑标一致移动到同一位置，那就相当于等量加减红绿蓝三原色。这样做不会改变RGB的平衡关系，但是会改变影调。

将3个滑标都移动到最右端，可以看到等量增加红绿蓝三色到+100，图像没有偏色，但是比原来明度提高了。

反过来，将3个滑标都移动到最左端，就相当于等量减少红绿蓝三色到-100。图像依然没有偏色，但是比原来明度大大降低了。

按住Alt键，单击面板右上角“复位”按钮，所有参数恢复初始状态。

反向调整双色

我们知道红绿蓝与青品黄是补色关系，那么增加红色应该等于减少绿色和蓝色。

将第二个和第三个滑标都移动到最左端，色彩与单独增加红色相比，同样是图像明显偏红，但是色调不同，比单独增加红色要暗很多。因为增加红色相当于将红色曲线向上抬，而减少绿色和蓝色相当于将这两条曲线向下压。

反过来，将第二个和第三个滑标都移动到最右端，可以看到图像开始偏青。与单独降低红色的效果相比，色彩是一样的，但是色调明显更亮。因为单独降低红色相当于在红色通道中将曲线下压，而增加绿色和蓝色相当于将这两条曲线向上抬。

色彩平衡就是校正偏色

所谓色彩平衡，其实就是让图像不偏色。我们用这个图像做一个校正偏色的极端实例。

按住Alt键，用鼠标单击面板的“复位”按钮，所有参数恢复初始状态。

将第二个滑标移动到最右端，可以看到图像中明显增加了绿色。单击“确定”按钮退出。

若绿色还不够。按Ctrl+B组合键，再次打开“色彩平衡”对话框。

将第二个滑标再次移动到最右端，也就是再次增加+100的绿色。现在看到图像已经偏绿偏得惨不忍睹了。

单击“确定”按钮退出。

如果还不放心，可以选择“文件\存储为”命令，在弹出的“存储为”对话框中给这个文件改一个新名字，单击“保存”按钮退出。

现在这个图像已经完全是另一个严重偏色的图像了。

选择“图像\调整\色彩平衡”命令，快捷键是Ctrl+B组合键。

在打开的“色彩平衡”对话框中要减少绿色，按照理解当然是将第二个滑标移动到最左端。看到图像中绿色已经减少了。

我们刚才是做了两次增加绿色操作的，因此减少一次绿色是不够的。可以单击“确定”按钮先退出，然后再次选择色彩平衡命令来做第二遍。

也可以根据RGB补色的道理，将第一个和第三个滑标移动到最右端，增加红色和蓝色就是减少绿色。现在可以看到，刚才严重偏色的图像完全校正过来了。

单击“确定”按钮退出。

因为增加红色和蓝色，相当于在通道中抬高红色和蓝色两条曲线，因此图像更亮了。

按Ctrl+M组合键打开“曲线”对话框，选择直接调整工具，在图像中按比较亮的地方适当向下移动鼠标，可以看到曲线上产生相应的控制点将曲线下压，在曲线的高光区建立一个控制点并稍向上移动，保持图像高光的影调不变。

满意后单击“确定”按钮退出。

现在我们利用色彩平衡命令，将刚才非常严重的偏色图像完全校正过来了。当然，我们这个实例是将有意偏色的图像顺着原路退回来的，在实际校正偏色的操作中，我们很难做到如此准确。但是这个实例说明了从理论上和实践中，偏色照片是可以校正的。

最终效果

色彩平衡命令是基于RGB通道来调整，用于控制红绿蓝三原色的重要操作命令。我们在这个实例中只做了红色的操作，其他可以类推。

用好这个命令，可以强调或者弱化图像中的某些颜色，还可以用来校正偏色。所有操作都是以RGB三原色的关系为基本出发点。

在实际调整色彩平衡的操作中，究竟需要加还是减哪些颜色，加多少减多少，一方面需要从艺术的角度来判断，另一方面是以中性灰为依据，如何判断原图的色彩，则需要操作者的经验和对中性灰的把握程度了。

替换颜色与色彩平衡 08

改变颜色在Photoshop中有很多命令可以实现，最有代表性的是色相/饱和度命令和色彩平衡命令。这两个命令虽然都可以对各种颜色做改变，但二者完全不是同一个概念。色相/饱和度是替换颜色，色彩平衡是校正偏色，概念不同，用处也不同。

准备图像

打开随书“学习资源”中的08.psd文件，通过一个实验来弄清楚替换颜色与色彩平衡之间的差异。我专门制作了这个图像文件，3个彩条分别是红-青、绿-品红、蓝-黄，下面是一个色轮盘。背景是黑-白。

读者应该会制作这个图。这里为了节省时间，为大家制作好了。

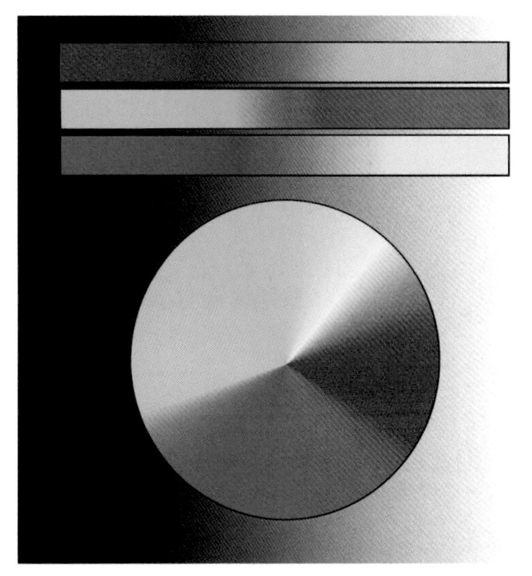

寻找中性灰

选择“窗口\信息”命令，或者按F8键，打开“信息”面板。

在工具箱中的吸管工具栏中选择颜色取样器工具。

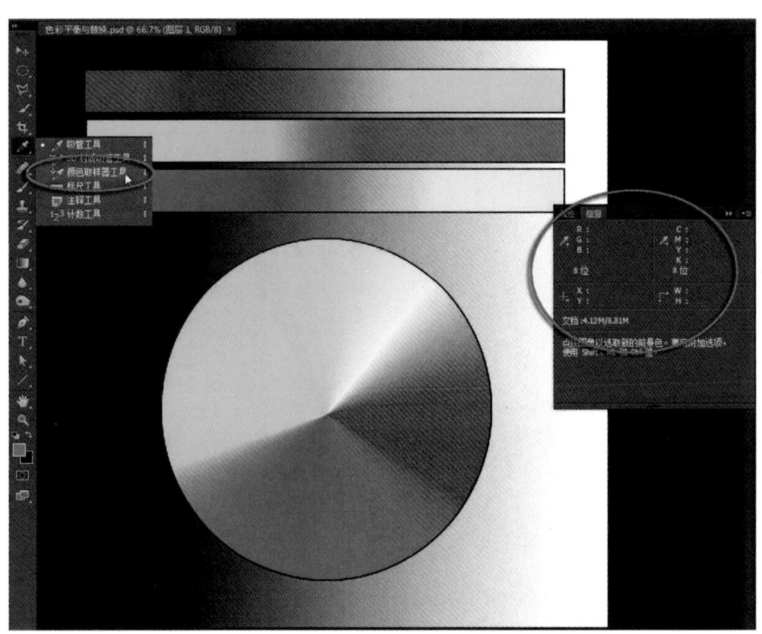

用颜色取样吸管在第一个彩条中间部分小心移动，看到信息面板上显示RGB的参数都是128或127（也可以是两个128，一个127，相差1可以忽略不计）时，单击鼠标，这个参数值被记录在信息面板上。

然后在第二个和第三个彩条中间，也找到同样的RGB128的中性灰点，单击鼠标记录在信息面板上。

如果选中的取样点不满意，可以移动取样点，按Delete键删除某个取样点。

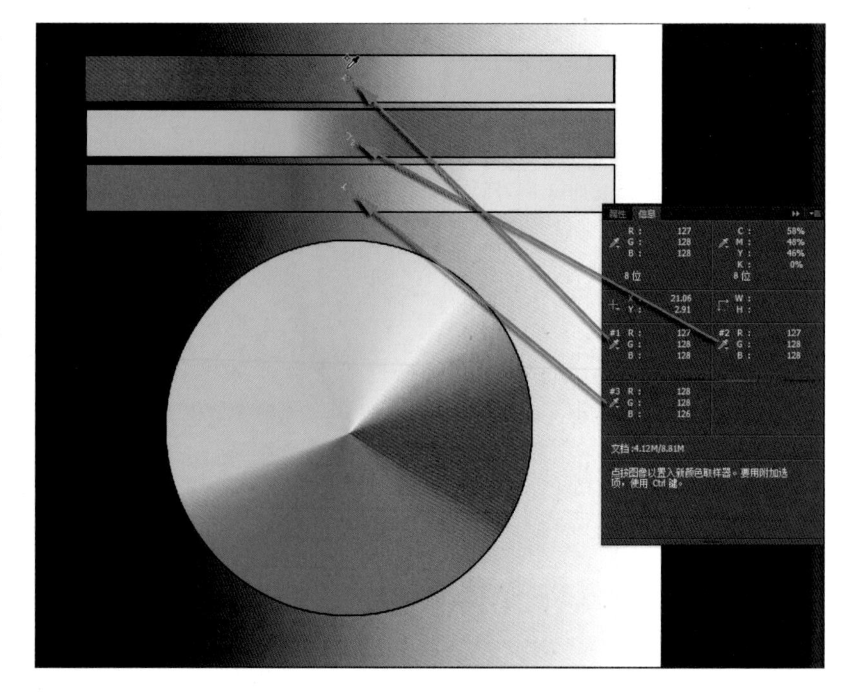

替换颜色

在图层面板最下面单击创建新的调整层图标，在弹出的菜单中选择“色相/饱和度”命令，建立一个色相/饱和度调整层。

在弹出的“色相/饱和度”面板中，移动色相滑标，可以看到图像中的3个彩条和色轮盘都发生了变化。色轮盘被旋转了。

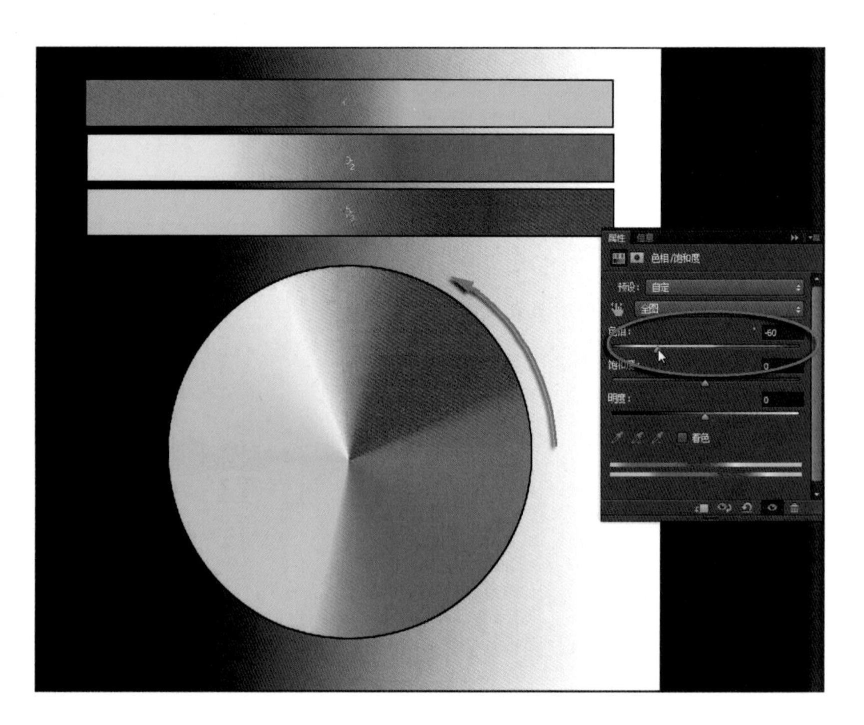

色相滑标如果以30度为一级逐一移动，可以看到色轮盘的旋转就是色轮上12色的依次替换。

不论色相滑标移动到哪里，红绿蓝青品黄颜色之间的补色关系永远不会变。再看信息面板，不论颜色如何替换，黑白灰关系不会变，也就是说，黑白灰是明度，不会被替换成红绿蓝青品黄色。

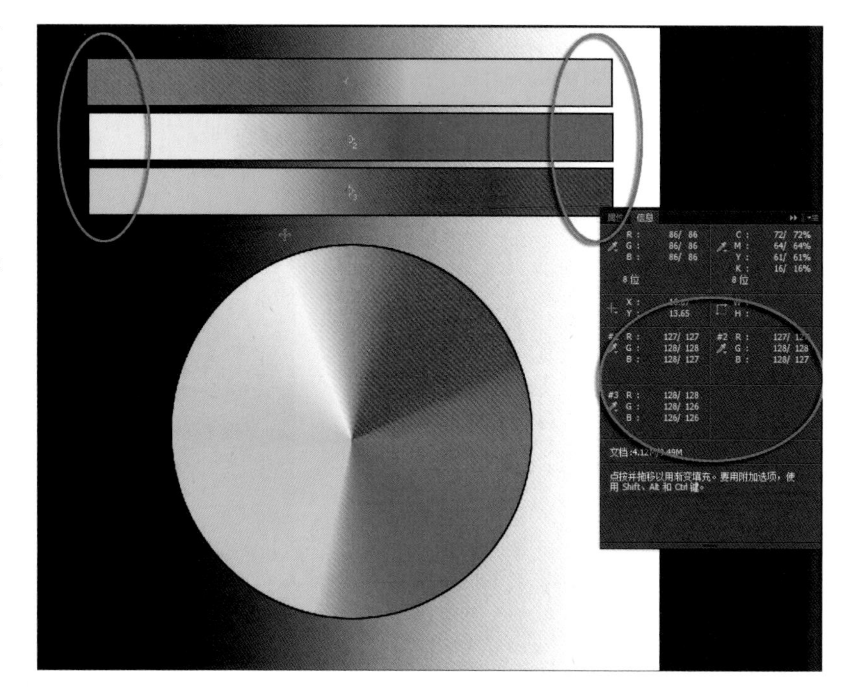

平衡颜色

在图层面板上单击当前色相/饱和度调整层前面的眼睛图标，关闭当前的调整层。

在图层面板最下面单击创建新的调整层图标，在弹出的菜单中选择“色彩平衡”命令，建立一个色彩平衡调整层。

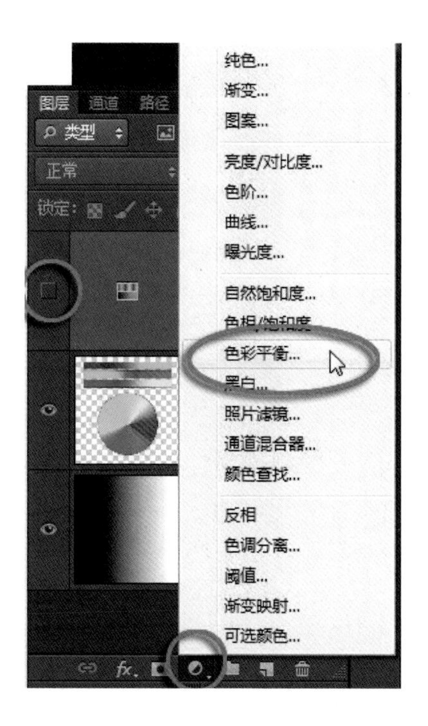

在弹出的“色彩平衡”面板中的3个色彩滑标，分别是红绿蓝对应青品黄。

将第一个滑标移动到红色最右端，参数值为+100。也就是说在当前图像中增加了红色。

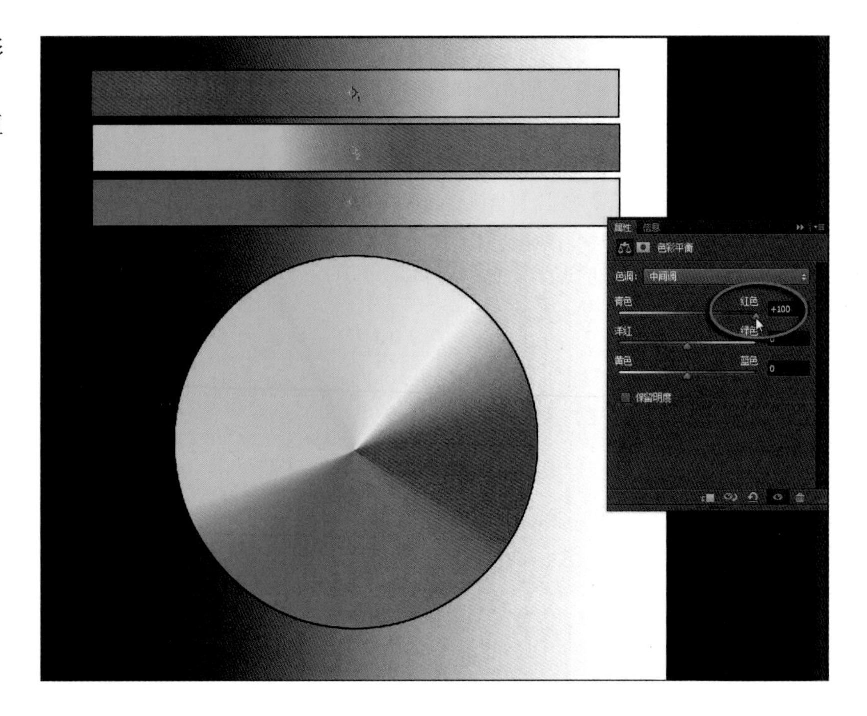

打开“信息”面板可以看到，3个颜色取样点原本RGB等值的中性灰都发生了变化，都是红色R值增加了，而绿蓝色GB值没有变化。

同时，背景的灰色部分也发生了变化。将光标放在灰色部分，可以看到原本RGB等值的灰色中，都发生了变化，蓝绿值始终等值，而红色参数值是一个线性变化值。

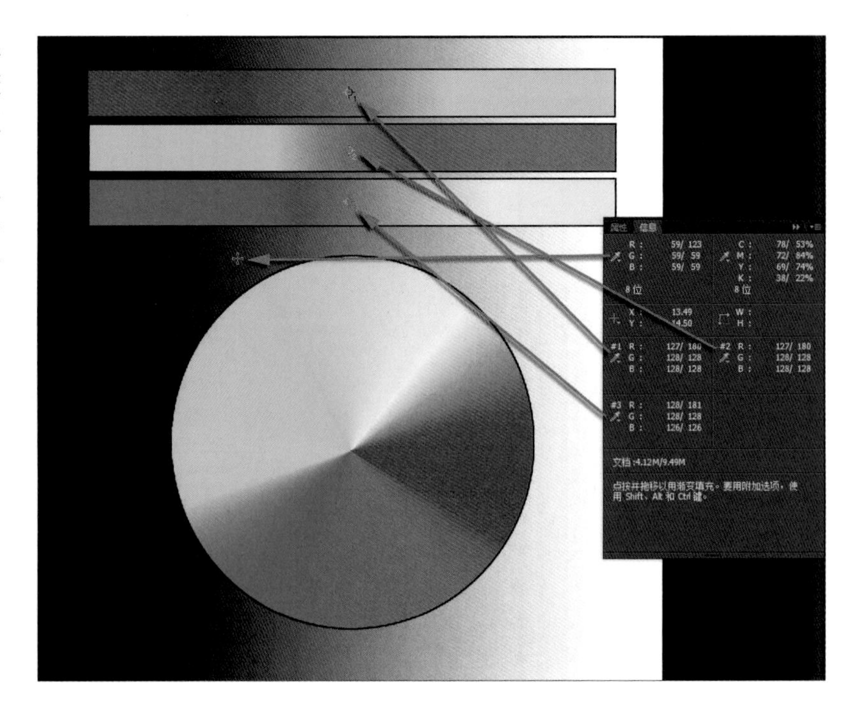

打开“信息”面板，将光标在第一个色条上移动。可以看到在原中性灰点的右侧，有一个RGB等值的中性灰点，单击鼠标将这个点记录在信息面板上。

由此可以看到，在色彩平衡中增加了红色之后，在红色与青色正中间的中性灰点向右侧偏移了，原本灰色也被变更为偏红色了。

再将光标放在另外的两个彩条中，不断移动，却发现找不到RGB等值的中性灰点。也就是说，在绿色到品红色中也增加了红色，蓝色到黄色中也增加了红色，这两个彩条中的灰色也偏红了。这一点从信息面板上前3个取样点参数值的变化中可以明显地表现出来。

整个图像偏红了。

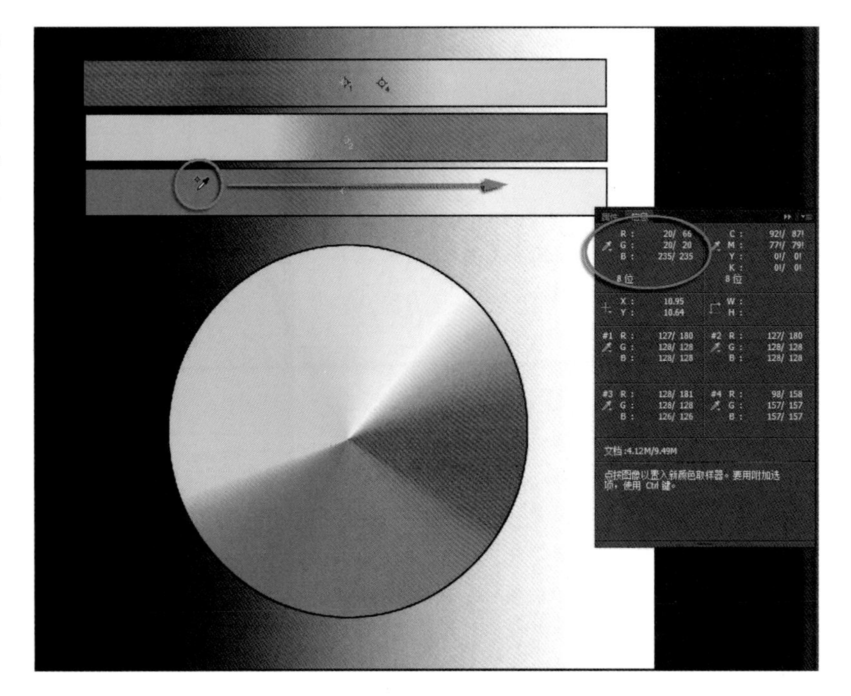

注意观察，3个彩条和色轮盘上，红绿蓝青品黄的本色并没有变。

如果将光标放在红绿蓝青品黄纯色位置上可以看到，信息面板上这6个颜色的值没有变化。背景中纯黑白的地方颜色值也没有变化。这就是说，偏色，对于纯色是不起作用的，这一点与前面做的颜色替换完全不同。

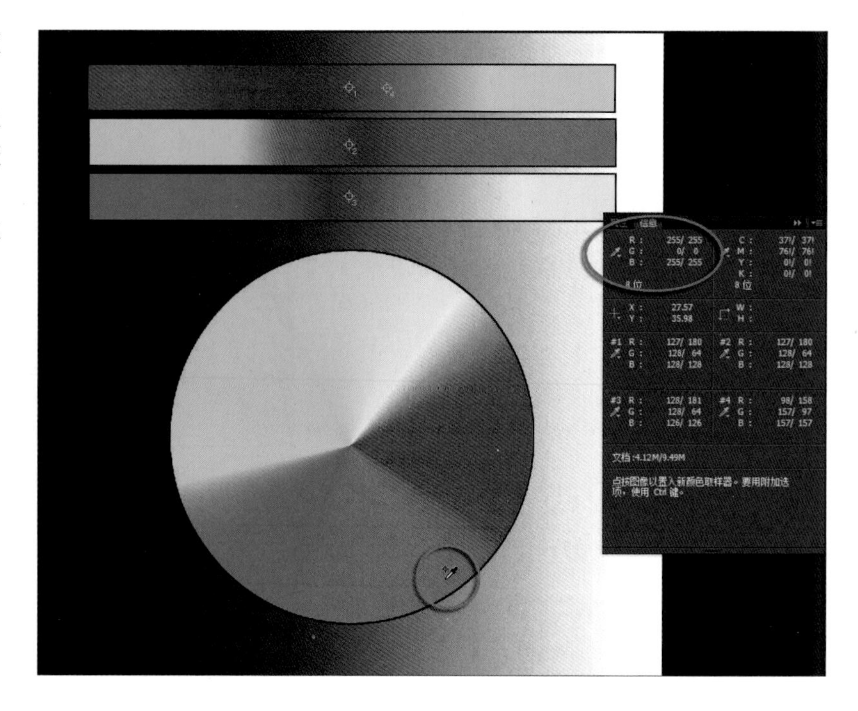

色彩平衡与明暗

如果将色彩平衡面板上3个滑标都移动到最左侧，或者都移动到最右侧，可以看到色彩的平衡关系又恢复了，色彩正常了，偏色也没有了。

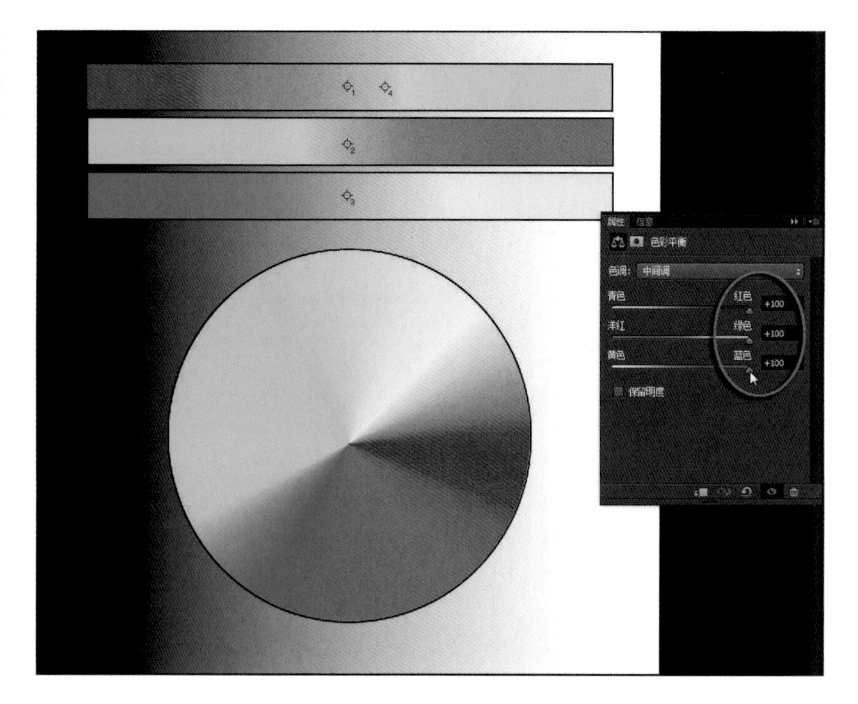

打开“信息”面板，可以看到，原本等值的RGB值现在仍然是等值的，只不过参数值有了共同的高低变化。也就是说，等量增减RGB值，不会发生偏色，但是会改变图像的明暗。

改变RGB值对图像所造成的影响变化，是由软件的算法所决定的。实际上，在面板上有“保留明度”选项，勾选这个选项可以看到，等量增减RGB值不再影响图像影调变化。

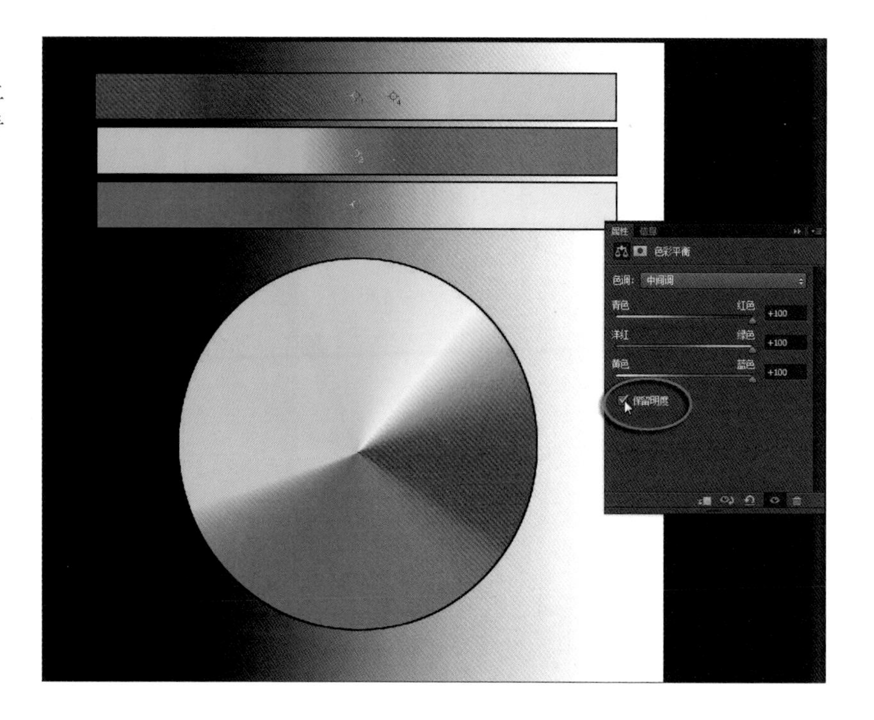

仍然将“保留明度”选项的钩去掉不选。

不论滑标设置在什么位置，只要RGB等值，也就是说，只要3个滑标的位置一致，色彩就仍保持平衡。只要色彩保持平衡了，图像就不会偏色。

只要3个滑标的位置一致，在信息面板上可以看到，原本等值的中性灰点的参数仍然等值。尽管会随着RGB滑标一致移动，参数值会有共同增加或减少，但仍然会保持等值，仍然是中性灰。

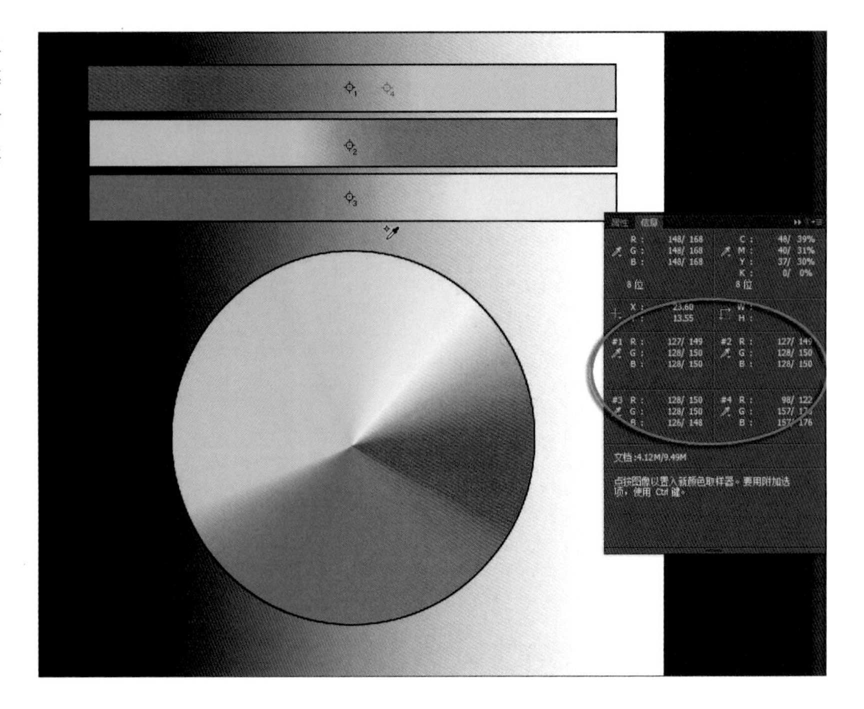

打开面板上的色调下拉列表，可以分别选择阴影和高光。

实际上，阴影、中间调和高光并非各占1/3。

将色调设置为阴影，再将滑标都移动到左侧顶端，就是等量减少RGB值，也是等量增加CMY值。可以看到图像的色彩仍然保持平衡。

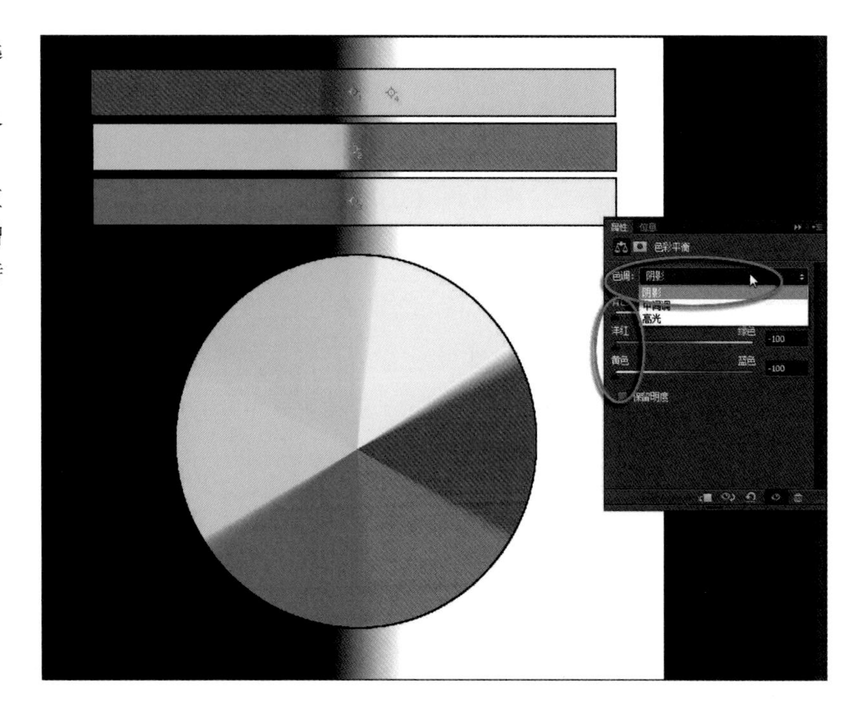

将色调设置为高光，再将3个滑标都移动到右侧顶端，就是等量提高RGB值，也是等量减少CMY值。可以看到，图像的色彩仍然保持平衡。

增加纯色就减少了过渡区间，因而每个颜色之间的边缘就显得“硬”多了。

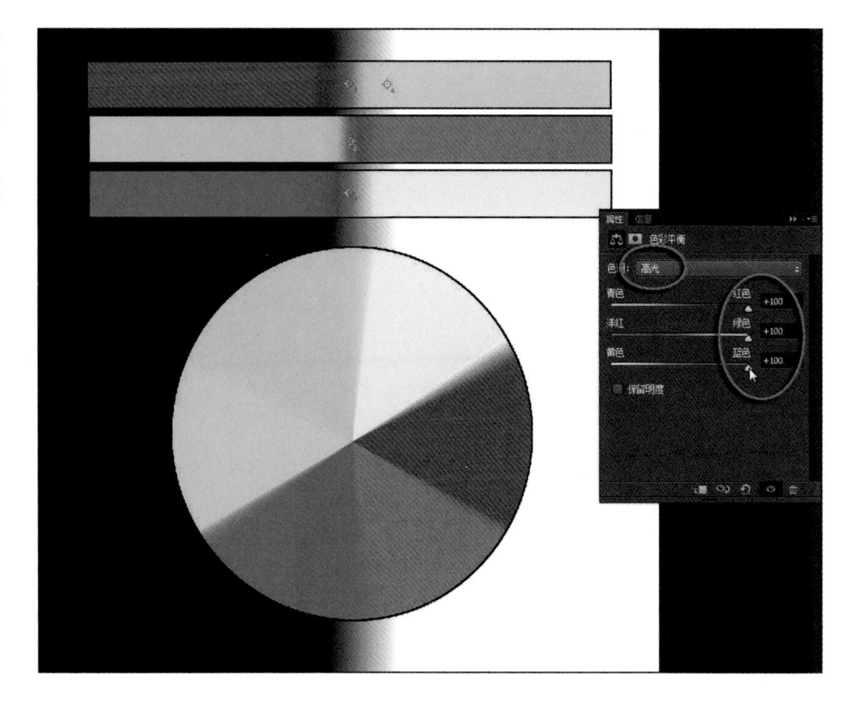

从信息面板上可以看到，原本RGB等值的各个取样点，虽然数值稍有变化，但仍然基本保持平衡。

这就告诉我们，只要是等量增减RGB值，都能保持原有的色彩平衡。等量增减RGB值会影响到明度的变化，会影响到红绿蓝青品黄之间过渡色的变化。从色轮上可以看到，等量增减RGB值，使红绿蓝青品黄之间的过渡明显变“硬”。

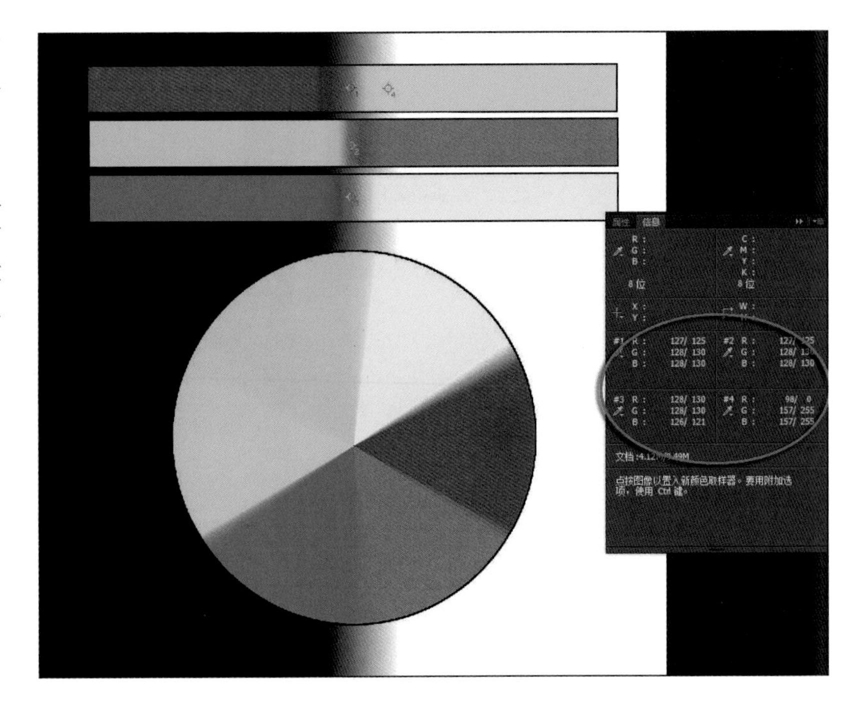

从通道调整色彩平衡

换一种方法，用曲线来做色彩平衡试验。

在图层面板上，将刚才做的色相/饱和度调整层和色彩平衡调整层前面的眼睛图标点掉，关闭这两个调整层。

在图层面板最下面单击创建新的调整层图标，在弹出的菜单中选择“曲线”命令，建立一个新的曲线调整层。

在弹出的“曲线”面板中，用光标按住曲线上的中间点，向下移动曲线，可以看到图像产生明暗变化，但不会产生偏色，黑白的变化与色彩无关。

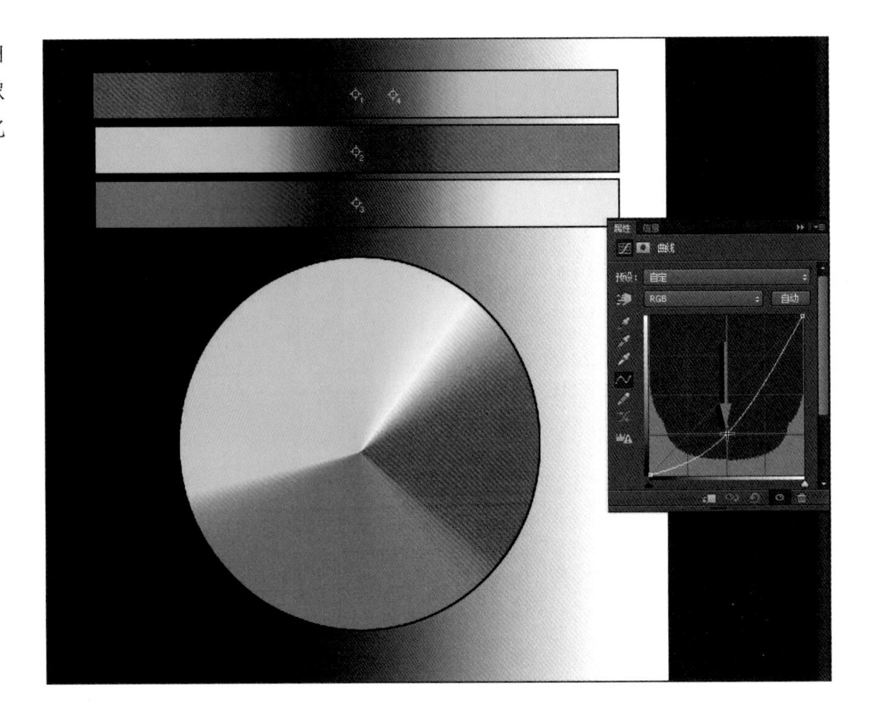

打开通道下拉列表，选择红色通道。在曲线上按住中间点向上移动。看到在曲线抬起的同时，图像中增加了红色，灰色开始偏红。这与前面所做的色彩平衡中移动滑标到红色顶端的效果一致。

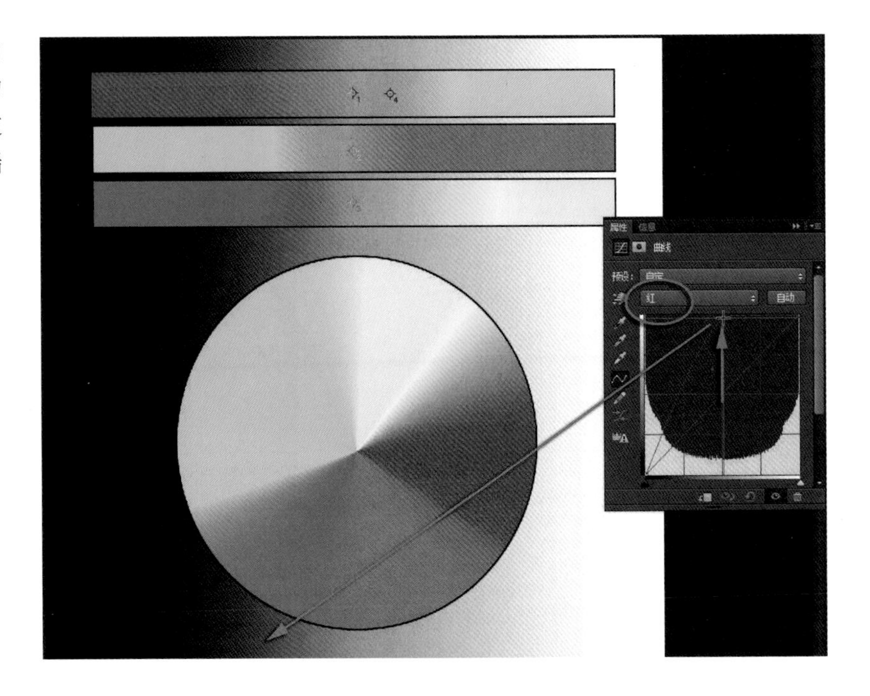

如果在红色通道中，在曲线上设置两个控制点，亮调点向上移动，即在图像中亮调部分增加红色；曲线上的暗点向下移动，即在图像中阴影部分增加青色。

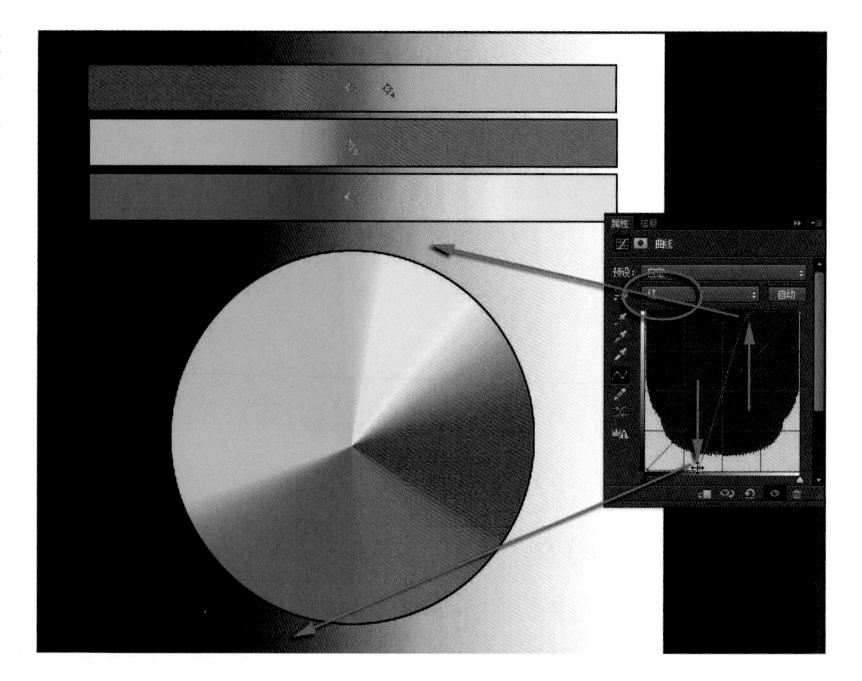

打开信息面板，将光标放在原本灰色的中间部分。观察RGB值，可以看到亮调部分已经偏红，阴影部分已经偏青。

这样的做法是对图像中不同影调部分分别设置不同的色彩平衡参数，从而使图像中产生更复杂的变化。这样的调整在色彩平衡命令中也可以设置，但没有曲线做得这么细腻。

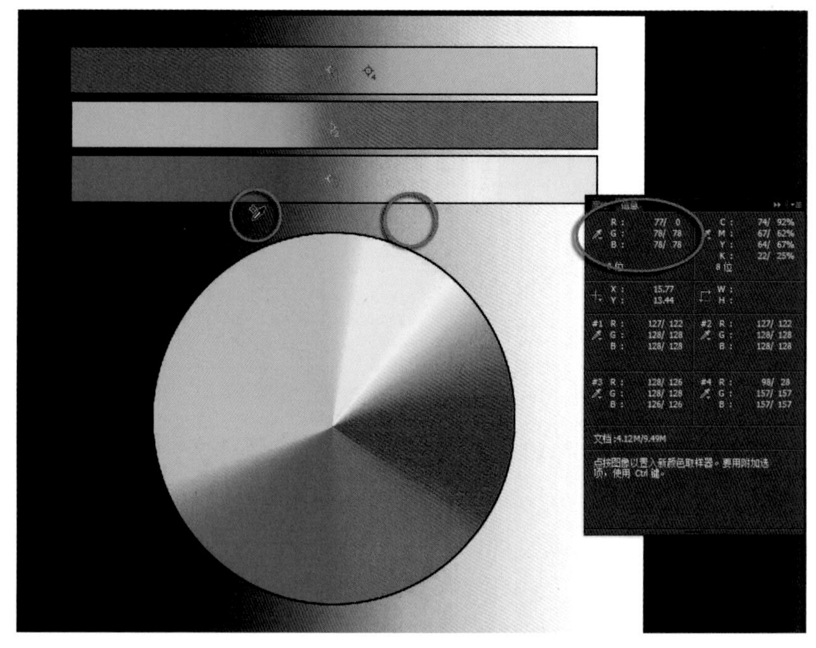

实际上，在这个试验中，还能够做出更复杂的变化，我们在这里只是做了一个红色参数值。希望大家能由此举一反三，尝试其他参数变化的效果。

重要的是大家能通过这个实例真正弄明白替换颜色与色彩平衡之间的区别。这两个操作命令都能够改变色彩，但是替换颜色是色轮的旋转，对黑白灰不起作用，黑白灰不能直接替换成红绿蓝色。而色彩平衡是RGB的平衡关系，增减其中的某些颜色，会改变图像的色彩平衡关系，但它对图像中纯色不起作用。

从前期到后期，从拍摄到处理（一）

很多朋友问我，一张照片前期是如何拍摄的，后期是如何制作的。这里就以我拍摄的一张照片为例，大致讲述一下，从前期到后期，从拍摄到处理的过程。

我们一起走进一个小山村，是专门为了拍摄那里每天傍晚羊群回家的镜头。站在寒风中等候了一个小时，一拨一拨的羊群终于回来了。一开始我也从侧面拍摄羊群经过镜头前的画面，感觉顾头不顾尾，不好看。于是我跑到羊群的前面拍摄，但是羊倌在羊群后面的时候，羊群见我在前面就绕着我走，还是不行。

终于等到这个羊倌走在前面，他的羊群跟在后面。于是我在羊倌的前面，一边后退，一边按动快门拍摄。直到看到取景框里村子的景物不好看了，才放过羊倌，这时羊群从我的身边蜂拥而过。

我当时连续拍摄了十几张照片。预感到可能会出片子，所以事先设置了RAW格式，为了后期能有较大的调整空间。

当时使用大广角镜头，突出了羊倌的姿态。因为焦段较短，所以景物透视变化很大，羊群显得有点远。回来挑选片子时，感觉下面这张最好。羊倌自信地向前迈出脚步，牧羊犬忠实地紧跟在羊倌身后，羊群听话地跟随着主人的身影。人物的姿态、牧羊犬的动作，以及羊群的位置都很舒服，画面给人以信心。

好的前期拍摄，为后期处理提升照片的艺术内涵提供了很好的基础和很大的空间。

中性灰的基本原理 

光线照射在物体上，物体反射一部分光线，我们就看到了物体，看到了颜色。在正常光线照射下，当物体反射的红绿蓝三原色光线都相等的时候，我们看到的物体颜色就是黑白灰。由此可知，黑白灰的物体在照片中其RGB等值，这就是中性灰。根据照片中黑白灰物体的RGB参数值，就可以判断照片是否偏色，偏什么色。R=G=B是中性灰的基本原理。

在这个实例练习中，操作的步骤不多，要思考的问题比较多。

准备图像

打开随书“学习资源”中的09.jpg文件。

我临时拍了这张照片，用来做中性灰讲解的实例。照片有意安排了红绿蓝黄4种颜色，有意使用了白色的瓷盘。尽管颜色不是很纯，但基本能够说明问题，这是我们做颜色试验的基本颜色。

设置颜色（取样点）

我们先在图像中设置所需的颜色取样点。

在工具箱中按住吸管工具图标，在弹出的工具列表中选择颜色取样器工具，用这个工具来设置最多4个所需的颜色取样点。

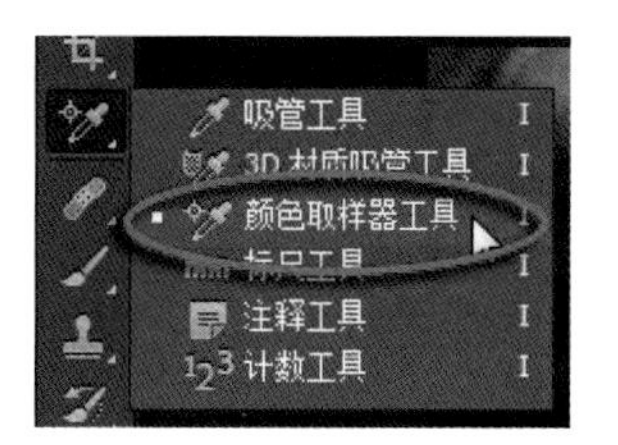

按F8键打开“信息”面板。

将光标放在图像中红色的彩椒上移动，观察信息面板上的RGB参数，寻找一个R参数值最高，G和B参数值最低的地方单击鼠标。这就算是图像中最红的地方了。

将光标放在绿色的彩椒上移动，寻找一个G参数值最高，而R和B参数值相对较低的地方单击鼠标。尽管看上去这是绿色的，实际上里面有一定的红色，使彩椒的绿色偏黄一点。

将光标放在黄色的彩椒上移动，寻找一个R值和G值最高，B值最低的地方单击鼠标，这就是最黄的地方了。

将光标放在蓝色的衬布上移动，能找到一个B值最高，R值和G值比较低的地方单击鼠标。图中没有纯蓝色。

还要在白色的盘子上寻找一个最合适的点，这个点的RGB 3个参数值要基本相等。尽管看起来盘子是白色的，但是要真正找到这个需要的点并不容易，因为彩色物体的反射会影响到白色的本色。靠近黄色物体的地方白盘子的颜色参数中R值和G值会偏高。最终在白盘子的右侧找到了一个合适的区域，这里的RGB参数值基本相等，这就是图像中准确的中性灰点。

因为最多只能建立4个取样点，而我们必须保留那个最重要的中性灰点，因此需要舍去一个彩色取样点。

将光标放在刚才建立的蓝色取样点上，看到鼠标变成移动工具。按住第4个取样点，将其移动到白色盘子中RGB等值的中性灰点上。

改变光线明暗

选择“图像\调整\色阶”命令。在弹出的“色阶”对话框中将中间灰滑标向左移动，看到图像变亮了。这是模拟光线增强的效果，照片显得过曝了。

观察信息面板，可以看到4组参数的变化。RGB参数中凡是达到255和0极值的都无法再变了，其他数据都随着图像变亮而增高数值。注意这些增高数值并非等值，也就是说色彩是有改变的。但是中性灰参数是等值增加的，仍然保持了标准的中性灰。

将色阶对话框中的中间灰滑标向右移动，看到图像变暗了。这是模拟光线减弱的效果。

观察信息面板，可以看到4组参数中，除了RGB参数达到255和0极值的没有变，其他参数都降低了。值得注意的是，降低的参数中，按照比例计算，本色参数降幅比外色要小。例如绿色彩椒中G值下降远比R值和B值要小。一方面说明欠曝时色彩会有变化，另一方面说明欠曝时色彩饱和度要高。

欠曝时中性灰的参数值仍然是等值降低的，中性灰点仍然不变。

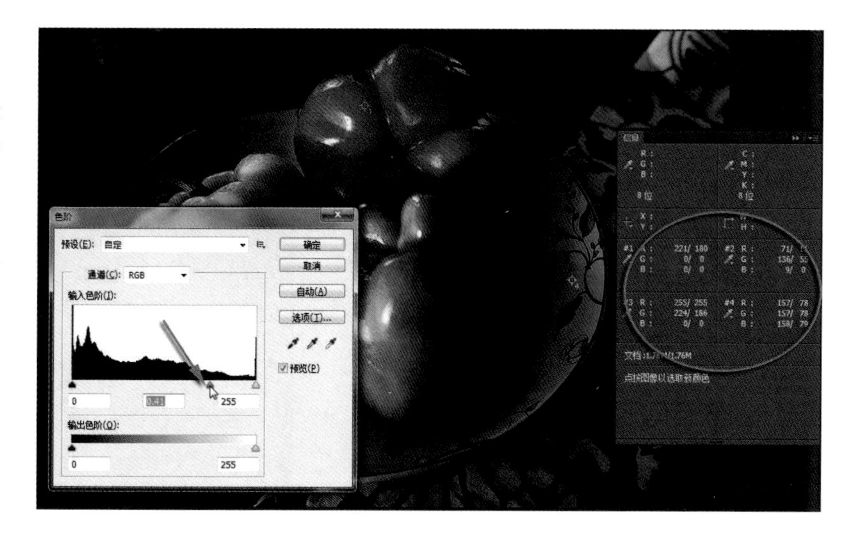

这一步练习试验告诉我们：在正常光线照射下，光线的强弱不会改变中性灰，也就是说不会偏色。

单击“取消”按钮退出色阶操作。

改变光线色彩

选择“图像\调整\色彩平衡”命令，打开“色彩平衡”对话框。

将第一个滑标向右移动，第三个滑标向左移动，这样就在图像中增加了红色，减少了蓝色，相当于照射了橙色的暖光，整个环境似乎笼罩在暖融融的灯光下。

4组取样点数据中，值得注意的是中性灰点的参数值，原来的平衡被打破了。R值增加了，B值降低了，这个原来的白盘子已经不是标准的中性灰白色了。也就是说，这张照片开始偏色了。

我们现在只是做试验，只在色彩平衡命令上，对中间调调整了两个滑标，这与实际拍摄时的偏色还不一样，因为实际拍摄中的情况还会更复杂，阴影和高光中的参数也会有变化。

有的朋友认为，现在这种光线的色调也挺好的，何必非要让中性灰点的RGB等值？这是关于艺术表现的问题，与我们现在讨论的中性灰科学标准不是一回事。

现在将色彩平衡对话框中第一个滑标向左移动，第三个滑标向右移动。这样在图像中减少了红色，增加了蓝色。相当于在阴天环境中，而且还照射了冷光源，图像中蓝色衬布的效果尤为明显。

值得注意的仍然是中性灰的这组数据，R值降低了，B值升高了，原来的RGB等值被打破了。现在感觉白色的盘子好像更白了，其实是白色开始偏青了。照片又开始整体偏色了。

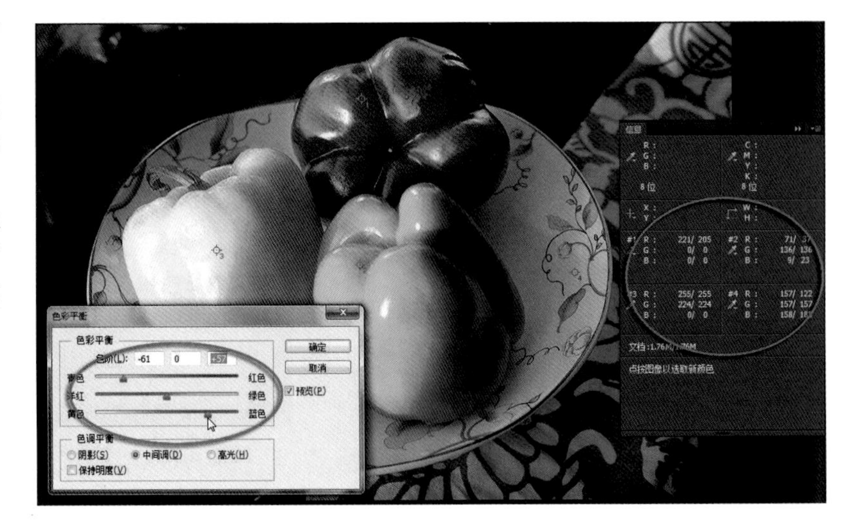

还可以继续尝试各种颜色的组合变化。

比如第一个滑标向右增加红色，第二个滑标向左减少绿色，第三个滑标回0。这就为照片增加了一种品红色，在现实中这样的光线大概很少遇到，但是在舞台艺术灯光照射下，这就很常见了。

这时观察信息面板中，原本RGB等值的中性灰点参数，也准确表现了红加、绿减、蓝不动的参数变化。

舞台灯光是有意用各种颜色灯光制造的特殊彩色效果，还有必要做校正颜色吗？这是一个有争议的问题，后面另有实例讲述。

中性灰的用处

通过前面的步骤，我们已经了解了中性灰在不同光线下的变化。

然后我们来看中性灰的用处。

将第一个和第三个滑标复位回0。将第二个滑标向右移动，图像增加了绿色。在信息面板的中性灰取样点上可以看到明确的数据显示。

再将第二个滑标向左大幅度移动，可以看到图像减少了绿色，也就是增加了品红色。图像色调明显开始偏品红色。信息面板的中性灰取样点参数也证明了这一点。

单击“确定”按钮退出色彩平衡命令。

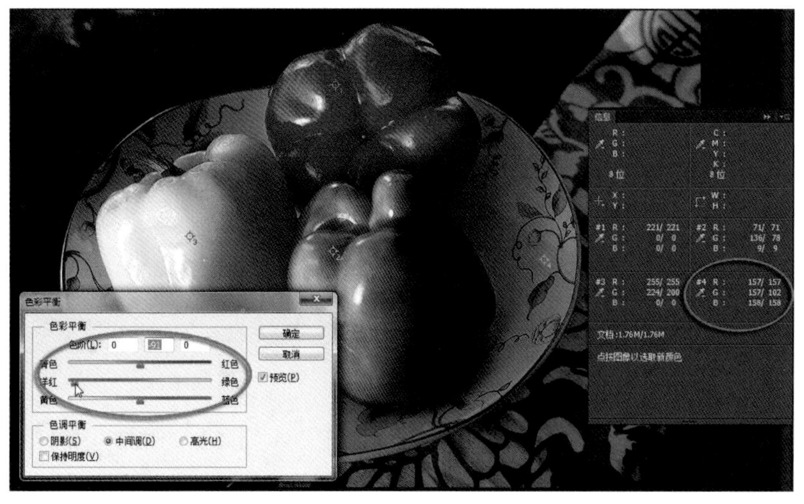

既然图像色调偏品红，图像中的中性灰取样点的参数告诉我们G值比R值和B值低，那就可以判断这个图像中缺少绿色。

选择“图像\调整\曲线”命令，在弹出的“曲线”对话框中打开颜色下拉列表，选择绿色通道。

将光标放在白色盘子的取样点处按下鼠标，可以看到曲线上出现对应的控制点，用鼠标将这个点按住向上移动，抬起曲线。同时观察信息面板，可以看到G值逐渐增加，直到RGB 3个参数基本相等。

偏色已经校正过来了，单击“确定”按钮退出。

有的朋友会说，校正偏色后的图像与原片相比还是有差异。这个问题将在后面实例中进行探讨。

最终效果

在实际拍摄中，由于光线不是真正的白光，或者由于当时环境反射颜色的影响，或者由于相机白平衡设置关系等，很多原因都可能造成照片偏色。所谓偏色，就是照片中某种颜色的光线多了，或者少了。

被摄物体中，原本为黑白灰的物体，在正常光线照射下，其RGB参数必然等值。黑色物体在强光照射下可能不是纯黑，白色物体在弱光照射下肯定不是纯白。这些都可以视为黑白灰的物体，它们的RGB参数如果不等值，则可以判断肯定偏色了，什么值高就是多了什么色，什么值低就是少了什么色。

中性灰的基本原则就是：

R=G=B

这是判断照片是否偏色的科学依据。

从前期到后期，从拍摄到处理（二）

前期拍摄的成功是整个摄影创作成功的一半，后期并非只需简单调整影调就能完成。我们拍摄这样的片子不是为了纪实，更多的是从艺术创作的角度考虑的。后期处理就是要充分调动各种影调和色调的手段，把这个图像从照片提升到作品。

一般的后期处理效果，把天空的层次做出来，整体的色彩饱和度提高。这就是一张照片。

我更希望尝试一种民俗风情绘画的效果。于是在调整好整体的影调之后，开始调试现在时尚流行色的冷色调，在中间调和亮调部分用色彩平衡命令增加了青色和绿色。

感觉主体人物不够突出，片子整体色彩的调子还是跳。于是用曲线调整层把人物局部提亮，用黑白调整层设半透明度，整体再次降低色彩饱和度，让片子更显冷峻，表达羊倌的坚毅与环境的清冷。压暗周围环境影调，突出主体人物。现在的弱饱和度冷色调，主观上更强调了一种油画的效果。

我们一直强调，从前期到后期是一个完整的过程，从拍摄到处理是一个创作的流程。只靠前期拍摄或者只靠后期处理，都不算真正完整的摄影创作。在前期拍摄的时候就考虑到后期要做什么，给后期处理留出合适的空间。在后期处理的时候要考虑前期表现的主题和主体，把前期要表达的思想和画面元素关系调整好，前期照顾后期，后期提升前期，这才是真正的摄影。

只要能找到中性灰 10

中性灰不仅是校正图像颜色的依据，而且是科学依据。中性灰是以光线三原色为基础，是红绿蓝光线相等的颜色。在实际操作中，除去纯黑、纯白之外，R=G=B就是中性灰。

要让图像不偏色，首先要确定图像中什么地方是中性灰。只要能找到中性灰，片子颜色的校正就有了依据。

这个实例是一个反推的实例，就是把一个颜色正常的图像先打乱，然后再恢复。这对于理解中性灰很有意义。

准备图像

打开随书“学习资源”中的10.jpg文件。

这是早晨公园里的游船，五颜六色，而且也有很多白色，用来做这个中性灰的练习实例很合适。

首先确认，这张片子不偏色。

寻找中性灰取样点

我们先来寻找图像中哪些地方是中性灰。

在工具箱中按住吸管工具图标，在弹出的工具列表中选择颜色取样器工具，用这个工具来设置多个所需的颜色取样点。

按F8键打开“信息”面板。

将光标放在图像中任意移动，可以看到信息面板上显示当前光标所在位置的RGB参数值、CMYK参数值和坐标位置等。我们要的就是第一个RGB参数值。

根据我们已经知道的颜色原理，首先判断图像中游船白色的地方应该是RGB等值的。将光标放在游船白色位置单击，这个点就作为取样点将参数记录在信息面板上了。观察其RGB值，虽然不是丝毫不差，但相差不超过10也就可以了。

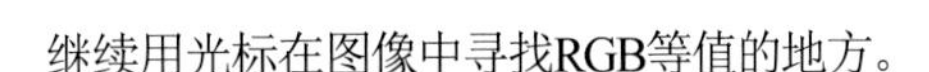
继续用光标在图像中寻找RGB等值的地方。

可以看到在游船座舱里、电镀杆上都可以找到RGB大致等值的中性灰位置，而且在游船边的水面中居然还找到了RGB完全等值的绝对中性灰点。在这些地方分别单击鼠标，将这些取样点数据记录在信息面板上。

信息面板上最多能够记录4个取样点数据。

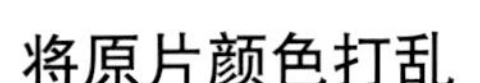
将原片颜色打乱

改变图像的颜色应该使用哪个命令呢？先尝试选择“图像\调整\色相/饱和度”命令，在弹出的“色相/饱和度”对话框上，随意拖曳色相滑标，可以看到图像中红绿蓝青品黄这样的颜色被改变了，而黑白灰的地方没有改变。仔细想想，色相/饱和度命令是色轮的旋转，因此对黑白灰不起作用。

单击“取消”按钮退出，图像恢复初始状态。

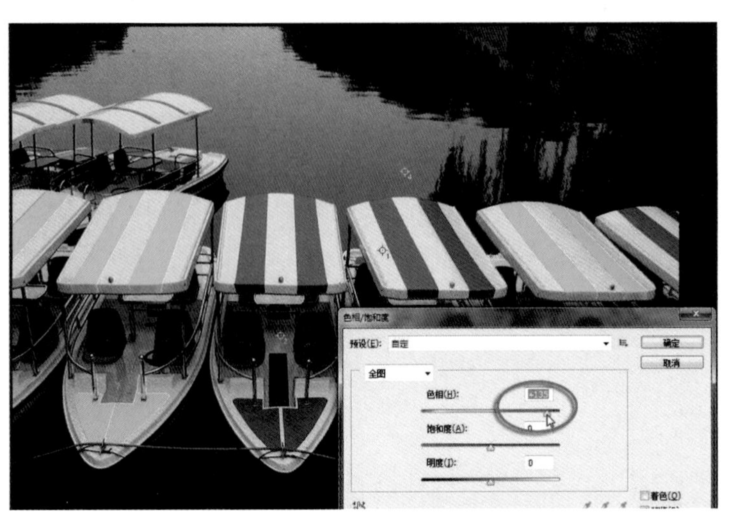

选择“图像\调整\色彩平衡”命令。在弹出的“色彩平衡”对话框中将3个滑标随意拖曳，不必与书中设置参数完全一样。

需要注意两点：第一，3个滑标移动方向不要一致，因为同方向移动3个滑标等于等量增减RGB值，这不会导致偏色；第二，最好不要将滑标移动到两边的顶端，因为颜色到了极值，后面就没有调整的余地了。

在对话框的色调平衡选项中选择阴影，这用于调整图像中阴影部分的色彩。

这里将阴影部分的颜色适当偏绿了一点。

在对话框的色调平衡选项中选择高光，这是调整图像中高光部分的色彩。

这里将高光部分的颜色适当偏橙色了。

单击“确定”按钮退出。

现在图像颜色已经完全被打乱了，我们可以确认这个图像肯定偏色了。如此严重的偏色，甚至在实际拍摄中都做不到，我们是为了做试验故意制造的大麻烦。

打开“信息”面板，可以看到刚才建立的4个颜色取样点的参数发生了很大变化。红色明显高于绿色和蓝色的参数，而且1号取样点中的红色参数值达到了顶端的255。

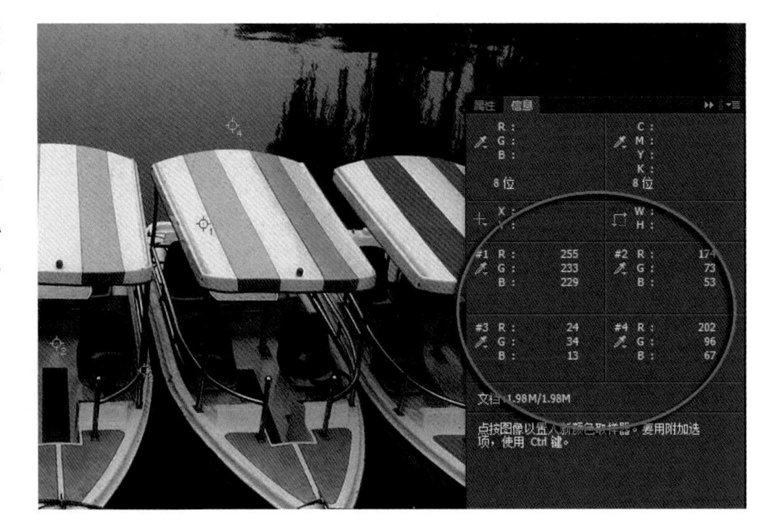

校正偏色

现在来校正偏色。

选择“图像\调整\曲线”命令，打开“曲线”对话框。

选择3个取样吸管中的灰色吸管，这是专门用来在图像中取样以设置灰场的。也就是说，用这个灰色吸管在图像中单击某个位置时，软件会将这个像素的颜色设置为RGB等值的灰。

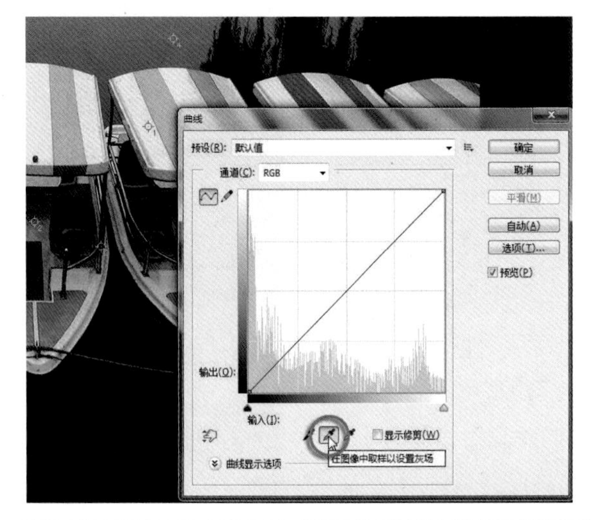

问题是用这个灰色吸管单击图像的什么地方，这个操作非常关键。

刚才我们设置了4个灰场取样点，它们的RGB值是基本相等的，现在它们的值已经被严重改变了。

首先在1号取样点上单击鼠标，发现图像的颜色变得更怪异了。观察曲线看到红绿蓝曲线都发生了极值现象，大幅度降低了红色，而大幅度提高了蓝色和绿色，颜色还是不对。这主要是由于原值中参数已经达到极值，没有调整空间了。

用灰色吸管在2号取样点上单击鼠标，可以看到颜色大致调整过来了。

观察红绿蓝3条曲线的变化，可以看到红色的削减和蓝绿色的适当增加，这样就是为了尽力恢复原来中性灰点的RGB平衡。

用灰色吸管在3号取样点上单击鼠标，多单击几次，可以发现图像颜色和曲线各不相同。因为这个地方像素变化很大，很难真正单击在原点上。可以从曲线的变化上看到颜色校正的总体趋势，仍然是减少红色，增加蓝色和绿色。

1号取样点是原本RGB参数最接近的。用灰色吸管单击1号取样点，这也不一定能真正点在原点上，多点几次试试看。

可以看到曲线中红绿蓝的加减情况，其中红色的值可能也到了极限。

在这4个颜色取样点中，相对来讲似乎还是单击2号取样点之后校正偏色的情况更好一些。

还可以继续单击与2号取样点类似的地方，寻找更好的校正偏色的效果。只要是图像中原本应该为黑白灰的地方，都是可以单击尝试的，因为这些都是中性灰点。

在图像中用灰色吸管反复单击，认真寻找中性灰点，观察信息面板的数据，让各个取样点的RGB参数值尽可能接近。

满意后单击“确定”按钮退出。

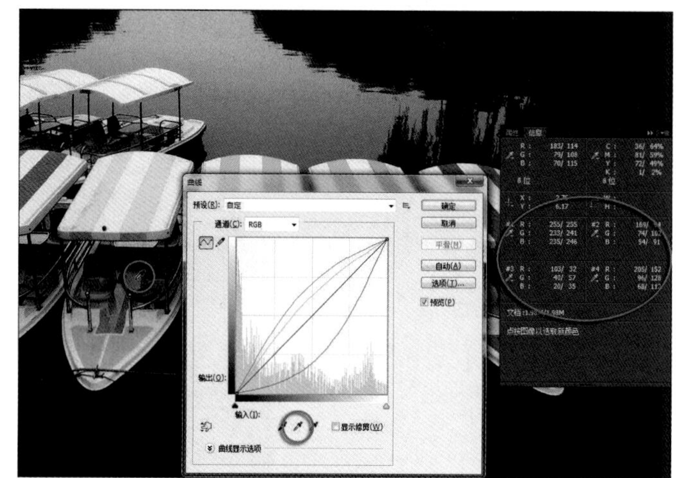

色彩的变化与影调明度的变化是相互影响的。

还需要整体调整图像的影调。选择“图像\调整\曲线”命令，在弹出的对话框中选择直接调整工具，在图像中较暗的地方按住鼠标适当向上移动，看到曲线上出现相应的控制点向上抬起，图像的影调提亮了。

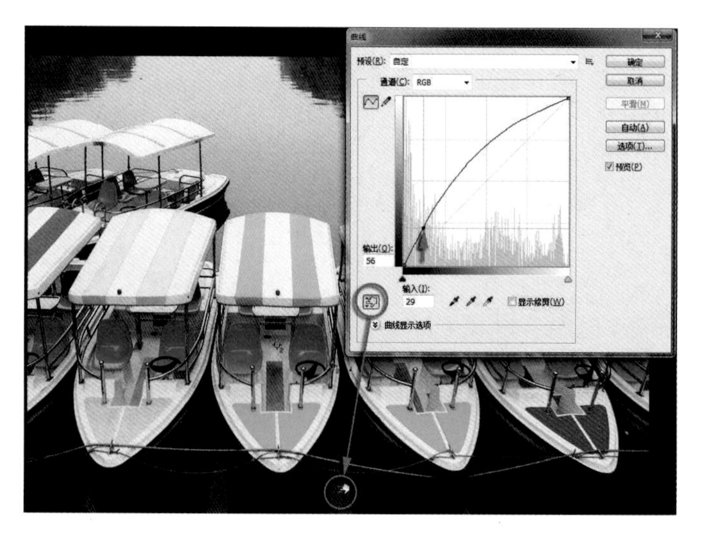

这个时候，还可以再次选择对话框中的灰色吸管，继续寻找单击图像中的中性灰点，进一步做校正颜色。

在偏色的图像中，究竟应该先做校正偏色还是调整影调，不同图像并无固定顺序，需要具体试验。

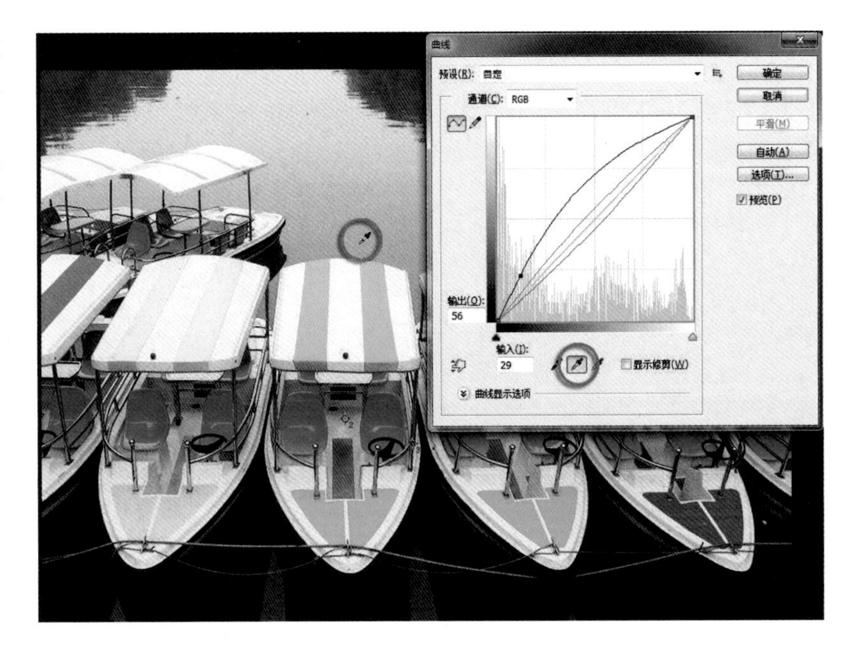

最终效果

在这个实例中，我们将一幅原本颜色正常的图像故意打乱颜色，而且让颜色乱得“一塌糊涂”。但是，经过认真查找中性灰，我们很容易就完成了校正偏色的工作，很容易就恢复了原片的正常色彩。

当然，我们校正偏色后恢复的照片，与原片还是稍有差异的，但颜色的大关系完全恢复了。这就如同我们在雪地上骑车，骑过去后雪地上留下一道辙。还想顺着车辙丝毫不差地骑回来，那是不可能的。但是骑回来是完全可以的，大方向是正确的。

这个实例告诉我们：图像中只要能找到中性灰，而且其RGB值不是极端值，那么这个图像的偏色就可以校正过来。

依据中性灰校正偏色 11

在正常的光线照射下，原本为黑白灰色的物体，在RGB色彩模式中，其参数值应该是R=G=B。如果这些黑白灰色的物体的RGB不等值，那就是偏色。哪个值高就是哪个颜色多了，哪个值低就是哪个颜色少了。以中性灰为依据，将图像中原本应该为黑白灰的物体的RGB参数，从不等值恢复为等值，偏色就校正过来了。

以中性灰为依据，查找中性灰点，判断偏色情况，然后将中性灰点的RGB参数恢复为等值，这就是科学地校正图像偏色。

准备图像

打开随书“学习资源”中的11.jpg文件。

校园一角，3位外国美女学生在认真地讨论功课，周围绿树成荫，清风和煦。

片子的色彩总有点说不出的感觉，到底偏色不偏色？偏什么颜色？只凭眼睛看是判断不准确的。

调整影调

影调的深浅也会直接影响色彩的参数，因此先来做图像的影调调整。

在图层面板最下面单击创建新的调整层图标，在弹出的菜单中选择“色阶”命令，建立一个新的色阶调整层。

在弹出的“色阶”面板中，按照色阶峰值的形状，将右侧的白场滑标稍向左移动到色阶峰值右边起点位置。再将中间灰滑标适当向右移动，看到图像的整体影调舒服了。

设置中性灰点

在工具箱中按住吸管工具，在弹出的工具菜单中选择颜色取样器工具。

按F8键打开“信息”面板。

将光标放在图像中移动，寻找中性灰点。

首先认为学生手里拿的纸张和书本是白色的，分别在这里单击鼠标设置两个取样点。猜测背对镜头的女生穿的衣服是黑色，在这里建立第三个取样点。猜测女生穿的运动鞋上是灰色，在这里建立第四个取样点。找来找去，终于找到图中真正的黑点，但这个点对于校正偏色实际上是没有用的，因为它没有继续调整的空间。

分析“信息”面板上的数据。

每一个取样点都有前后两组参数。前面的参数是调整影调之前的数值，后面的参数是色阶调整影调之后的数值。

分析各组参数，可以看到，原本应该RGB等值的4组数据都是R值最低，B值最高。说明图像中蓝色多，红色少，图像稍偏蓝青色。

将光标放到最亮的白纸上，看到参数值G和B已经达到255极值，说明这里即便是偏色也已经没有再调整的空间了。

将光标再放在石凳上，发现R值和G值高，B值低，这里的颜色偏黄。与前面建立的几个取样点的值相比较，可知这里的本来颜色肯定不是灰。

校正偏色

在图层面板最下面单击创建新的调整层图标，在弹出的菜单中选择“曲线”命令，建立一个新的曲线调整层。

在“曲线”面板中选择3个吸管中间的那个吸管工具。用这个吸管在图像中单击任何地方，这个地方的RGB值将被调整为等值，或者由于各个参数的高低差异，在中间灰吸管单击后不能完全等值，也会大致相近。

用中间灰吸管单击第一取样点，可以看到R值升高，B值降低，G值稍有一点升高，RGB 3个参数值大致相等了。RGB值加减的变化情况，可以从“曲线”面板中三色线的起落看出来。红色曲线明显升高，蓝色曲线明显降低，绿色曲线稍抬起一点点。纸张的颜色已经恢复RGB等值，图像中相应增加了红色和绿色，减少了蓝色。

如果想非常精准地单击在已经设定的取样点上，可以将图像放大，按大写锁定键，光标将从工具样式变成精确坐标方式。

将光标放在第二取样点上，用精确坐标对准原点，单击鼠标。可以看到RGB参数完全一致了，曲线上红绿蓝曲线的变化仍然是加红减蓝，这次绿色基本没动。

如果用中间灰吸管分别单击第三个和第四个取样点，可以看到曲线面板中红绿蓝曲线变化的情况，可以在信息面板上看到RGB值分别加减的情况。

按Ctrl+Alt+0组合键，图像以100%显示在桌面上。

并不是黑色和白色的物体都能用来做校正偏色的点。用中间灰吸管单击最亮的白色纸张点，看到图像突然变得严重偏色了。因为这个点原来的RGB值已经有两个达到255极值，这两个值没有调整的空间了。强行增加另一个颜色，曲线已经变得绝对了。

用中间灰吸管单击图像中的暖色位置，比如点在人物的皮肤上，可以看到图像变得偏冷色调。

以暖色为中性灰校正颜色，于是红色会减少，蓝色会增加，图像的色调就会偏冷了。这样的变化从曲线面板中3色曲线的变化可以看得很清楚。

用中间灰吸管单击图像中的冷色位置，比如点在女生青色的发带上，可以看到图像变成偏暖色调。

以冷色为中性灰标准校正偏色，那么红色会增加，蓝色会减少，图像的色调就会偏暖。这样的变化从曲线面板中红色和蓝色曲线的强烈变化可以看得很清楚。

前面设置的4个取样点，是我们根据自己的想法预判的黑白灰点，究竟是不是真正的黑白灰，也只能根据反复试验，挑选一个认为最合适的点作为依据。

从试验情况看，第三个取样点过暗，不利于色彩的调整。第一个、第四个取样点受环境光影响偏冷，依此调整的色调偏暖。还是第二个取样点做出来的校正调整色调比较舒服。

精细调整

现在感觉色彩校正舒服了，但图像的影调还有欠缺，背景环境太亮。

在“曲线”面板上选择直接调整工具，将光标放在后面树林的亮点上，按住鼠标向下移动，看到曲线上产生相应的控制点也向下压。稍压一点曲线，图像的影调就会令人感觉满意了。现在动的是RGB综合参数的曲线，因此不会影响改变色彩。

感觉图像中有一些亮黄色的树叶，颜色可以再跳跃一些，使画面更有活力。

先把这些亮黄色的树叶挑选出来。在图层面板最下面单击创建新的调整层图标，在弹出的菜单中选择“色相/饱和度”命令，建立一个新的色相/饱和度调整层。

选择“选择\色彩范围”命令，打开“色彩范围”对话框，用鼠标在图像中单击亮黄色的树叶，移动颜色容差值滑标到合适的位置，使缩览图中亮黄色的树叶为白色，其他地方为黑色，单击“确定”按钮退出。

回到“色相/饱和度”调整面板。打开颜色通道下拉列表，选择黄色。将饱和度适当提高，将色相滑标逐渐向左移动到合适位置，可以观察面板下面两个彩条，看到中间指定区域中黄色被替换成为红色的情况。

最终效果

依照中性灰校正偏色，方便快捷，准确而科学。操作的关键是选好中性灰取样点，其基本要求是R=G=B。

取样点是原本应该为黑白灰的物体，其RGB值如果不相等，就可以判断其偏色的状况。经过调整操作，让原本应该为黑白灰的物体的RGB等值，偏色就得到了校正。这就是中性灰校正偏色的基本思路。

具体操作其实很简单。

从一位德国摄影师的楼梯作品中想到的

摄影是个因人而异的事，每个人观察理解事物是不同的，拍出来的片子也不同。我们提倡用自己的心灵去体会，用自己的眼睛去观察，这需要静下心来慢慢做，浮躁是不行的。

我们大多数朋友都是业余摄影，我们不能总想着重大事件、重要景点、特殊天气，反而对于很多身边的景物熟视无睹。其实，在我们身边，就有拍不完的新鲜照片。

这组片子非常见功夫，在于其中对于构成的理解和运用。很多人可能觉得对于这样的场景需要选择一个特殊的位置、视角，这是构图问题。而构图的能力是建立在构成基础上的。

上面这张照片已经风靡互联网多时，但知道它的创作者的人也许并不多。德国摄影师Nils Eisfeld以自己极具观察力的目光，捕捉到了这些充满创意和独特性的楼梯画面。

摄影师的这组《楼梯》作品集展示了这些形态各异的旋转楼梯的独特结构，令观众对建筑结构之美印象深刻。这组照片中的每一张都带领观众进行了一场视觉之旅。

只要专注，就在身边，我们能够拍的东西多得拍不完，不是非得花费大经费、大精力，用大设备去找大景点的。

我们每天都走楼梯，可是我们有谁像这位摄影师那样，就在身边发现美的东西呢。不要抱怨没有见过这么多种不同的楼梯，如果连一个楼梯都没有发现其中的美，那自然不会发现更多的楼梯了。

什么叫构成？我的理解就是把看到的景物在脑子里简化成点、线、面。能不能把看到的树木不见树木，而是看成三角形、圆柱体、单色面，这是构成的功夫。

在头脑中建立构成意识，是需要认真刻苦的练习的，要从光影、色彩、明暗、外形、透视等多方面综合考虑。什么时候做到看见树木不是树木了，大概就算入门了。

有了构成的扎实功底，然后如何摆放这些点、线、面，处理好各个点、线、面之间的关系，那就是构图的问题了。

构成与构图是相关的，但不是一回事。构成大于构图。

这就是我从这位德国摄影师的楼梯作品中想到的。

用什么命令校正偏色 12

在Photoshop中，有很多命令都可以改变图像的颜色。但是校正偏色，并非是改变图像原有的颜色，而是要让失去平衡关系的RGB颜色重新恢复平衡。因此，校正偏色操作的基本理念是基于RGB平衡的中性灰理论，校正偏色的操作命令，应该是能够调整RGB色彩平衡关系的操作命令。

在这个练习实例中，陆续使用了色相/饱和度、照片滤镜、色彩平衡、通道混合器、可选颜色和曲线6个操作命令，分别用来校正同一张偏色照片。有的命令使用是对的，有的命令使用是错的。我们希望通过这个练习，让大家真正理解校正偏色的本质是恢复RGB色彩平衡关系。

做这个练习时，本书是使用调整层来做的，对于不熟悉调整层操作的朋友，可以直接使用操作命令来做，效果是一样的。

准备图像

打开随书“学习资源”中的12.jpg文件。

这是在舞台演出中拍摄的一张照片。舞台灯光本身就是有色彩的，完全不同于日光。因此舞台照片偏色是常见的，是正常的。

在大量的红色光线照射下，所有人物场景都明显强烈偏红，而这种红让我们在演出之外的照片上看来，有点过了，不舒服。那么我们尝试用不同的操作命令来做校正偏色，看看各有什么不同。

使用色相/饱和度命令

选择“图像\调整\色相/饱和度”命令，打开“色相/饱和度”面板。我们以自己的直觉已经感到这张照片明显偏红，希望用这个命令减少红色。

打开颜色通道下拉列表，选择红色。将饱和度和明度参数降低，把两个滑标分别向左移动，看到图像中红色不再鲜艳了。

但是感觉图像中黄色过于鲜艳，于是打开颜色通道下拉列表，选择黄色。将饱和度滑标向左移动，降低图像中的黄色。

现在感觉图像中的颜色还是不舒服，虽然红色和黄色不再鲜艳，但片子偏色依旧。

尝试打开颜色通道选择其他颜色，随意拖曳滑标，发现几乎不起作用。因为现在图像中几乎没有其他颜色。

由此可知，“色相/饱和度”命令只能用来将现有的某种颜色替换成另一种颜色，而不能用来调节RGB之间的色彩平衡关系。因此，用“色相/饱和度”命令做校正偏色是错误的。

退出“色相/饱和度”命令，图像恢复初始状态。

使用照片滤镜命令

选择“图像\调整\照片滤镜”命令。一般来说，舞台摄影相当于胶片摄影时用日光照片拍摄灯光场景，因此可以尝试使用照片滤镜命令做色温校正。

在实际拍摄中，我们通常使用雷登82滤镜做色温校正。这里我们在照片滤镜面板中打开滤镜下拉列表选择“冷却滤镜（82）”。

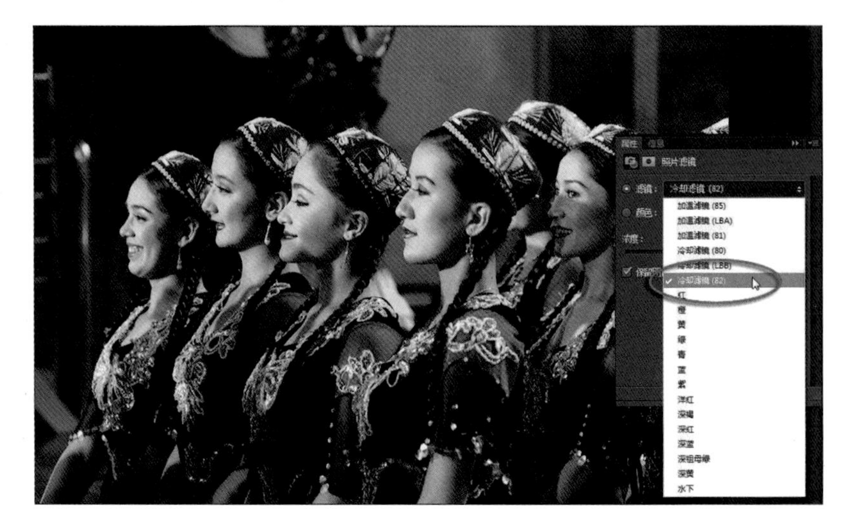

然后将浓度参数逐渐提高，将滑标向右移动，看到照片的颜色似乎好多了。

但是总觉得照片的颜色还是不满意。

从颜色的角度分析，要减少红色，可以用增加青色来达到目的。

再次打开滤镜下拉列表，选择青色，并适当调整浓度参数。

可以看到图像中红色明显降低了，片子的色彩看起来不那么难受了。但是说实话，这还是具有非常明显的舞台暖色，物体本来应该有的颜色还是没有调出来。

只能说，照片滤镜的思路是对的，但这个工具的能力有限。在照片偏色不太严重的时候，可以使用这个命令。

退出“照片滤镜”命令，图像恢复初始状态。

使用色彩平衡命令

校正偏色就是恢复失去平衡的RGB色彩关系，因此使用色彩平衡命令肯定是对的。

首先在工具箱中选择颜色取样器工具，在图像中寻找原本应该为黑白灰的物体。真不容易找到了舞台旁边金属栏杆，在基本不反光的地方单击鼠标，在“信息”面板上看到这个点的RGB参数值。

选择“图像\调整\色彩平衡”命令。在打开的“色彩平衡”面板中，先将第一个滑标向左移动，减红加青。再将第三个滑标稍稍向右移动一点点，减黄加蓝。注意观察“信息”面板上RGB参数值大体相等了，大的颜色关系校正过来了。

刚才调整的中间调部分。

打开色调下拉列表，选择“阴影”。将第一个滑标也稍向左移动一点，目的是让阴影中也减少红色，阴影暗下来能压得住影调。

再次打开色调下拉列表选择“高光”。

根据片子的情况，稍稍调整高光中的颜色，加一点点青和黄，感觉片子的色彩完全校正过来了。

偏色得到了校正，但这个操作命令需要扎实的色彩理论和一定的操作实践经验，这对于一般操作者而言是有相当难度的了。

退出“色彩平衡”命令，图像恢复初始状态。

使用通道混合器命令

既然校正偏色是调整RGB的平衡关系，那么从理论上讲，通道混合器命令也应该是对的。

选择“图像\调整\通道混合器”命令。在面板中默认的是红色通道，先将红色参数降低一半。可以看到图像中颜色明显偏绿，这是因为这个命令调整与前面的色彩平衡不一样，降低了红色的同时并没有增加青，红与青的色彩更失衡了。

将红色通道中的蓝色提高，这样就使红与青达到了平衡。现在图像的色彩看起来好多了。

注意，通道混合器中的数值是百分比，而不是二进制的256。说明这是在调整RGB的比例关系。

打开输出通道下拉列表，选择蓝色通道。

将蓝色通道中的蓝色参数值再适当提高，可以看到图像中的黄色也减少了。现在感觉片子的颜色舒服多了。但是观察“信息”面板可以看到，我们认为应该为中性灰的点仍然没有达到RGB等值。

如果继续认真反复调试3个RGB通道中的9个RGB参数值，应该可以把RGB平衡关系调出来。但这恐怕非一日之功，对于一般操作者来讲，得急出一头汗来。

退出“通道混合器”命令，图像恢复初始状态。

使用可选颜色命令

选择“图像\调整\可选颜色”命令，打开“可选颜色”对话框。

在这个对话框的颜色下拉列表中，有红、绿、蓝、青、洋红、黄、黑、白和中性色9个颜色可选，每个颜色又可分别调整其中的青色、洋红、黄色和黑色4个颜色，也就是说这是一个基于印刷调色的命令。

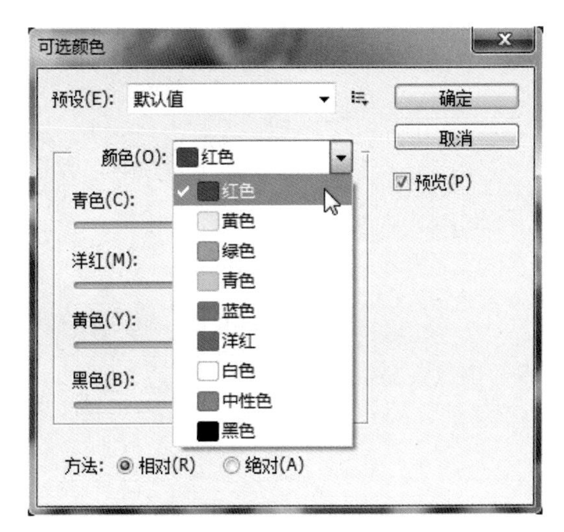

首先是调整红色。

按照我们的理解，要在红色中大幅度增加青色，适当减少洋红和黄色，再加一点黑色。看起来原本强烈的偏红色得到有效的改观。

然后是在颜色下拉列表中选择黄色。同样是大幅度增加青色，适当减少洋红和黄色。图像色彩逐渐好转。

为了使片子的影调能稳得住，我们打开颜色下拉列表，选择中性色。

在中性色中适当增加青色。现在看来图像的颜色基本正常了。

但是这样的调整方法是基于印刷的，已经把原本RGB的色彩关系转成了CMYK，这等于多转了一道弯，对于数码照片处理来讲并非捷径。而且对于大多数数码摄影者来讲，CMYK模式是陌生的。

退出“可选颜色”命令，图像恢复初始状态。

使用曲线命令

最后来看曲线命令，这对于我们来讲已经是非常熟悉了。

按Ctrl+M组合键打开“曲线”面板，选择灰度吸管，在图像中应该为黑白灰的地方单击鼠标。比如在刚才建立的1号取样点上单击鼠标，图像的颜色校正完成了。从曲线上可以看到，红色被减少了，蓝色和绿色适当增加了。具体红绿蓝要增减多少，都是软件按照中性灰的要求自动计算完成的。从“信息”面板上可以看到，取样点的RGB参数值大体接近了。

最终效果

绕了半天大圈子，最后发现曲线命令中的中性灰吸管只需轻轻一点，那么头疼的校正偏色操作即可大功告成。

我不是没事带着大家兜圈子，这个练习中的每一步，都是有明确针对性的。

我们要好好想一想这个练习的过程，对于我们认识校正偏色的本质很重要。这6个操作命令都可以改变颜色，但是校正偏色是调整RGB的色彩平衡关系，不是某个颜色的替换或简单加减。因此，首先要正确选择操作命令，然后要会将理论与实践相结合，将复杂的问题简单化。

第3部分 色彩排列与色轮

什么是色轮 13

色轮是人们对可见光颜色的一种排列方式，是我们认识色彩的一种重要概念。亲手制作一个色轮，并且认识色轮中的颜色排列位置和相互关系，对于理解颜色非常重要，能够帮助我们在以后替换颜色的操作中做到心中有数。掌握了色轮，就能主动、准确、明白地替换任意的颜色。

准备图像

打开随书“学习资源”中的13.jpg文件，这是一幅可见光颜色与色轮的示意图。

人们的眼睛能够看到的光线是一个有限的区域，在这个区域中包括了我们常说的红橙黄绿青蓝紫。在红色之外还有波长更长的红外线，在紫色之外还有波长更短的紫外线。

当我们将人的眼睛能够看到的颜色做一个循环排列的时候，就形成了一个圆环，这就是色轮。

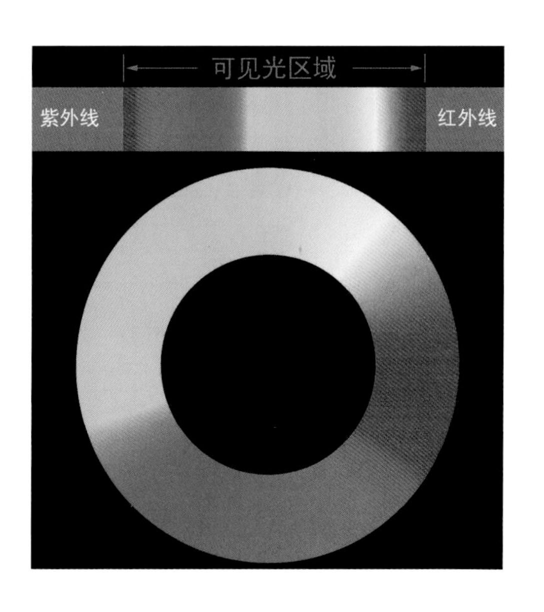

制作一个色轮

我们来亲手制作一个色轮，并通过这个操作来理解色轮关系。

打开随书“学习资源”中的13.psd文件。为了便于大家操作，我预先制作了这个色轮的框图。

打开“图层”面板，可以看到这个文件有两个图层，当前层是一个空的色轮框架。

在工具箱中选择油漆桶工具。

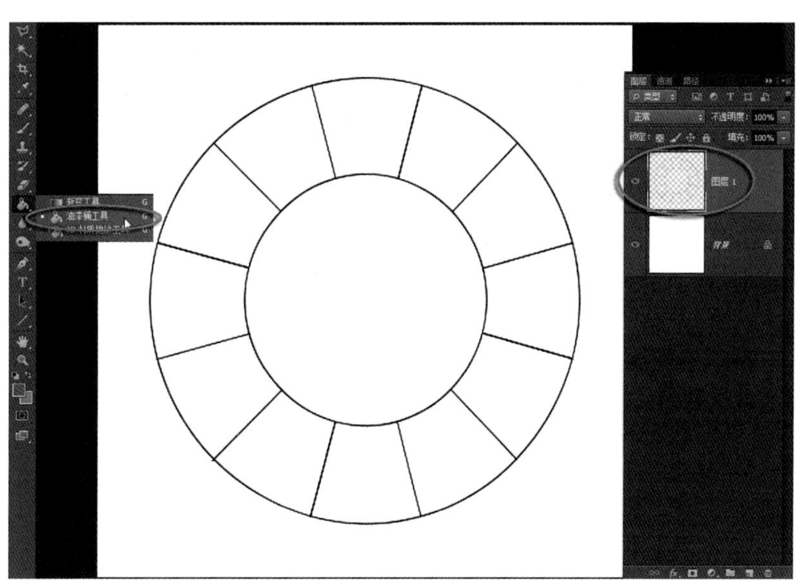

填充RGB

在工具箱中单击前景色图标，打开“拾色器”对话框。

在RGB色彩模式中设置颜色为R255、G0、B0，这是RGB的纯红色。单击“确定”按钮退出。

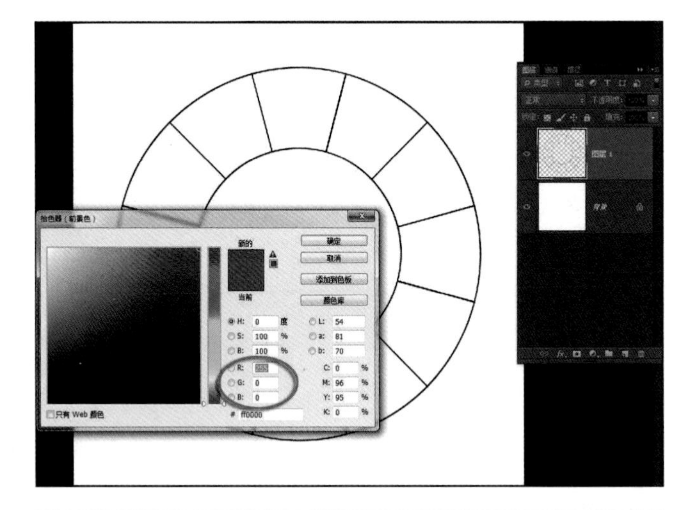

在色轮框的任意一个框里面单击鼠标，将当前色RGB纯红色填充。有黑线框的限制，填充色只填充在线框之内。

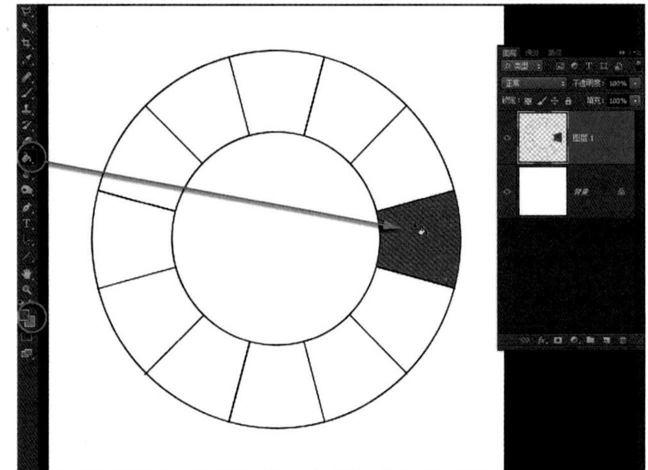

再次在工具箱中单击前景色图标打开拾色器。

设置RGB颜色参数为R0、G255、B0。这是RGB的纯绿色。单击“确定”按钮退出。

在刚才填充的颜色120度方向的线框内单击鼠标，填充这个RGB的纯绿色。

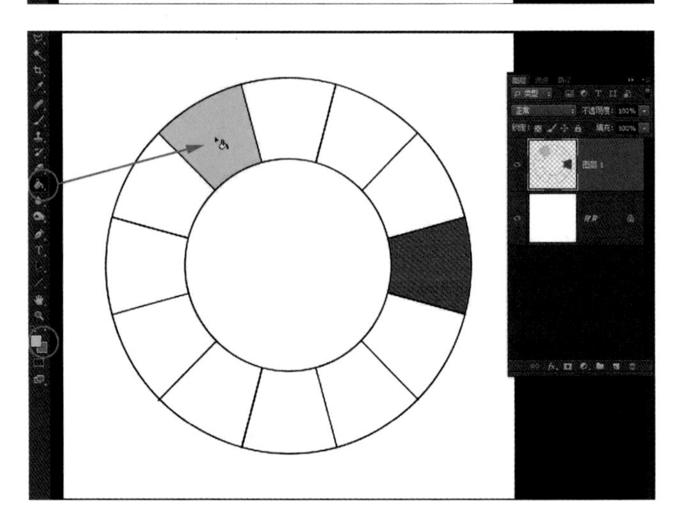

再次在工具箱中单击前景色图标打开拾色器。

设置RGB颜色参数为R0、G0、B255。这是RGB的纯蓝色。单击“确定”按钮退出。

在刚才填充的红绿两色对面120度方向的线框内单击鼠标，填充这个RGB的纯蓝色。

这个RGB的红绿蓝颜色被称为光线的三原色，我们看到所有可见光颜色都是由这3种颜色组成的。

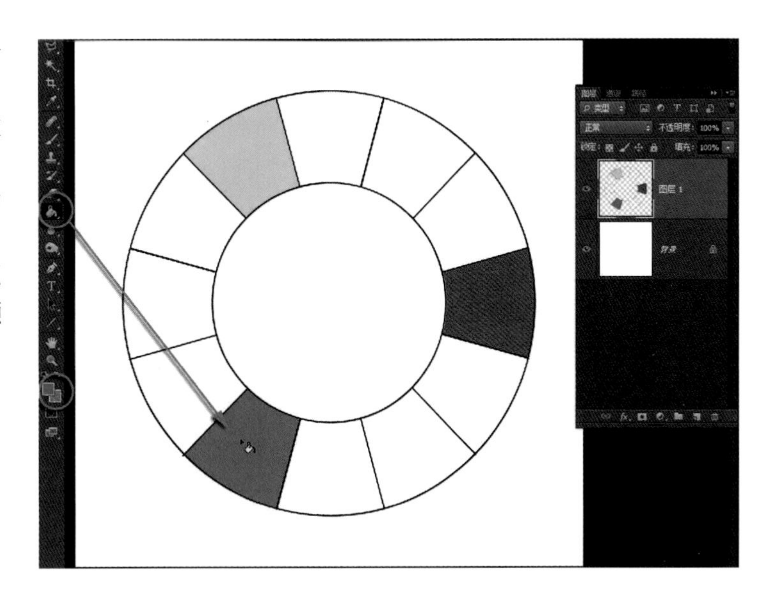

填充CMY

有了RGB（红绿蓝），再根据它做出CMY（青品黄）来。

在工具箱中单击前景色图标，打开“拾色器”对话框。

在RGB色彩模式中设置颜色为R255、G255、B0，这是RGB的黄色。同时可以看到，在HSB模式中，饱和度和明度参数不变，而色相旋转了60度。单击“确定”按钮退出。

将黄色填充在红色与绿色中间的线框位置上。

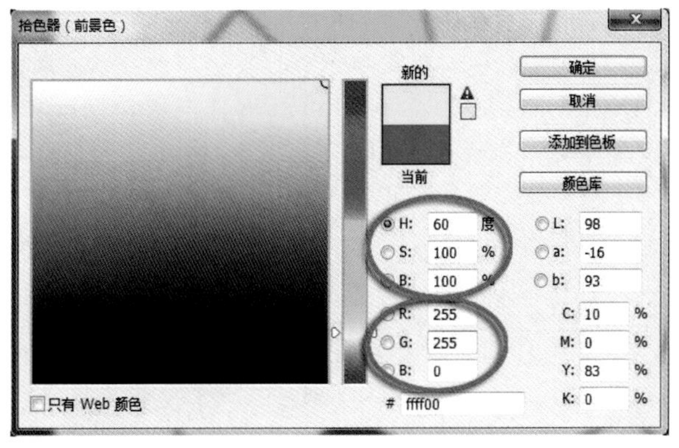

然后继续做。先打开拾色器，在RGB色彩模式中设置颜色为R255、G0、B255，这是RGB的品红色。将品色填充在红色与蓝色中间的线框位置上。

再打开拾色器，在RGB色彩模式中设置颜色为R0、G255、B255，这是RGB的青色。将青色填充在绿色与蓝色中间的线框位置上。

在这里我们又一次通过操作理解了RGB红绿蓝与CMY青品黄之间的关系。

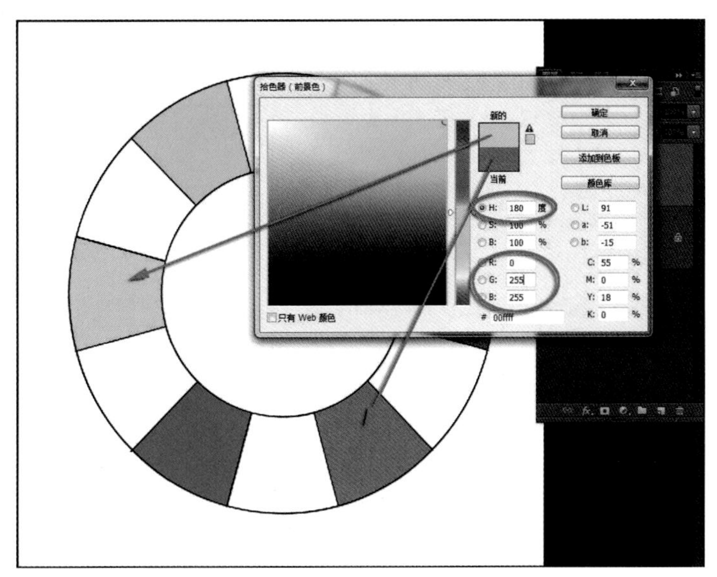

填充过渡色

现在已经有了红绿蓝青品黄这6个颜色。继续在每两个颜色之间填充过渡色。

再打开拾色器，在RGB色彩模式中设置颜色为R255、G128、B0，这是红黄之间的橙色。将橙色填充在红色与黄色中间的线框位置上。

再打开拾色器，在RGB色彩模式中设置颜色为R128、G255、B0，这是黄绿之间的浅绿色。将这个颜色填充在绿色与黄色中间的线框位置上。

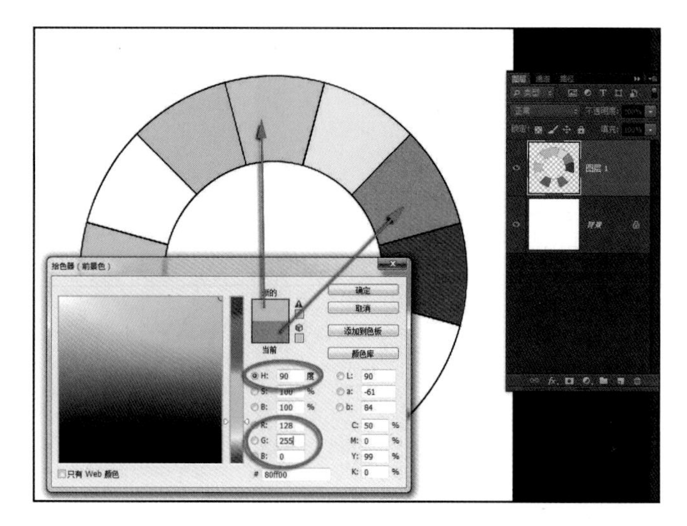

再打开拾色器，在RGB色彩模式中设置颜色为R0、G255、B128，这是青绿色。将它填充在青色与绿色中间的线框位置上。

再打开拾色器，在RGB色彩模式中设置颜色为R0、G128、B255，这是蓝青色。将这个颜色填充在蓝色与青色中间的线框位置上。

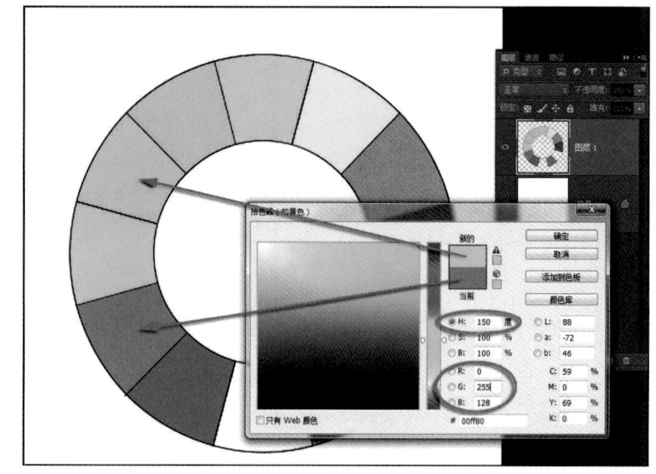

再打开拾色器，在RGB色彩模式中设置颜色为R255、G0、B128，这是红色与品色之间的品红色。将它填充在红色与品色中间的线框位置上。

再打开拾色器，在RGB色彩模式中设置颜色为R128、G0、B255，这是蓝品之间的紫色。将这个颜色填充在蓝色与品色中间的线框位置上。

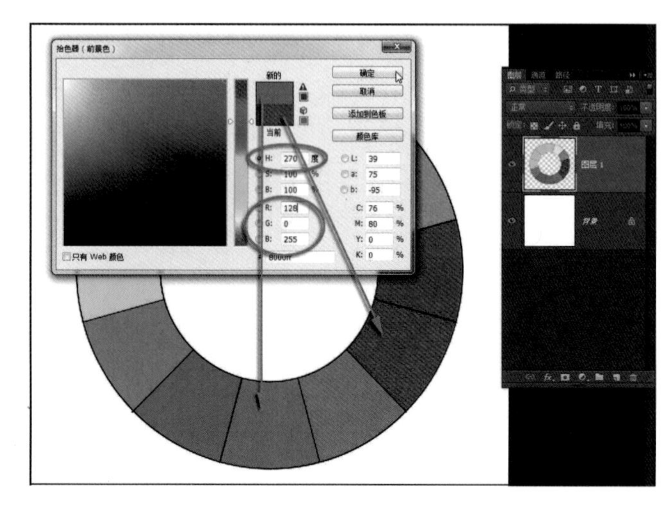

理解色轮的生成

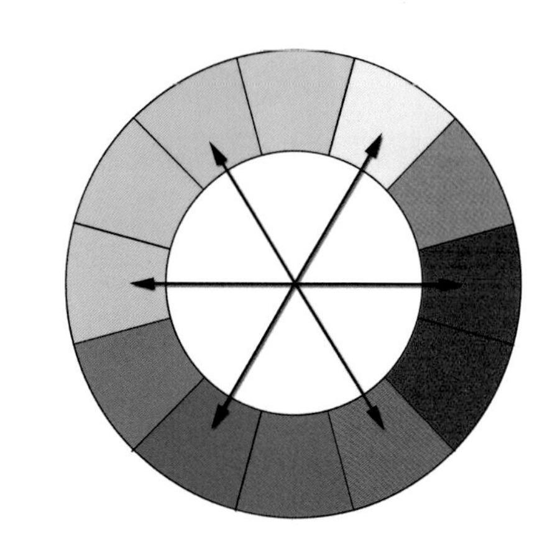

现在我们亲手制作了一个标准的色轮。

在这个色轮中共有12个颜色。红绿蓝是三原色，它们对面是青品黄。红与青、绿与品、蓝与黄，它们之间被称为补色，它们两两对立。补色在色轮上处于180度的位置。

要记住RGB三原色红绿蓝如何派生出CMY青品黄，又如何派生出更多的6种过渡色。其实，就是红绿蓝3个颜色的各种不同搭配，就是255、128、0这3个数字的不同组合。12个颜色之间，每个颜色转动30度。

制作过渡色轮

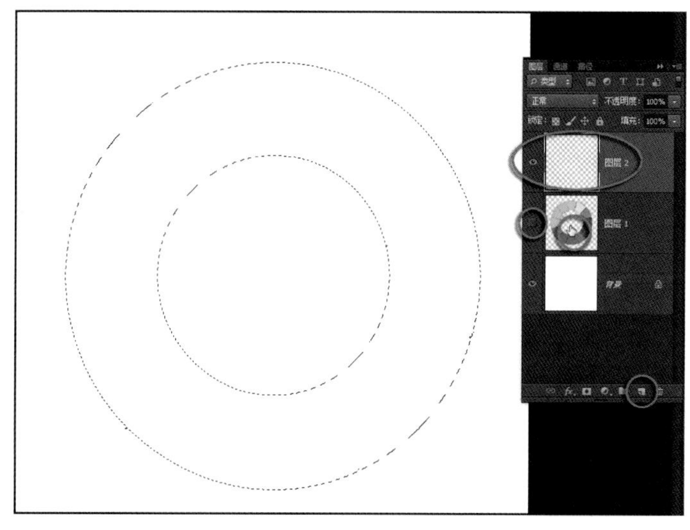

其实，我们有一个更简便的方法可以制作色轮。

在图层面板上先在图层1前面单击眼睛图标，关闭图层1，刚刚制作的色轮就被隐藏了。在“图层”面板最下面单击创建新的图层图标，建立一个新的图层2。

按住Ctrl键，用鼠标单击图层1的缩览图，载入图层1的选区，可以看到蚂蚁线了。

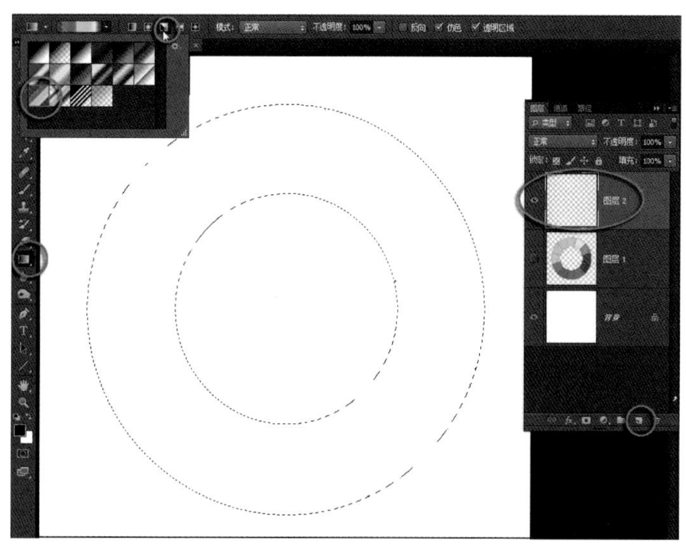

在工具箱中选择渐变工具，在上面选项栏中打开渐变颜色库，选择色谱。渐变方式选择“角度渐变”。

用渐变工具从图像的圆环正中间开始，水平拉出渐变线。

可以看到，在选区圆圈之内填充出现了一个自然过渡的色彩环，其实就是我们刚才制作的色轮环，只不过在12个色彩之间是自然过渡的，没有界限痕迹的。这样的色轮与实际的光线过渡是一致的。

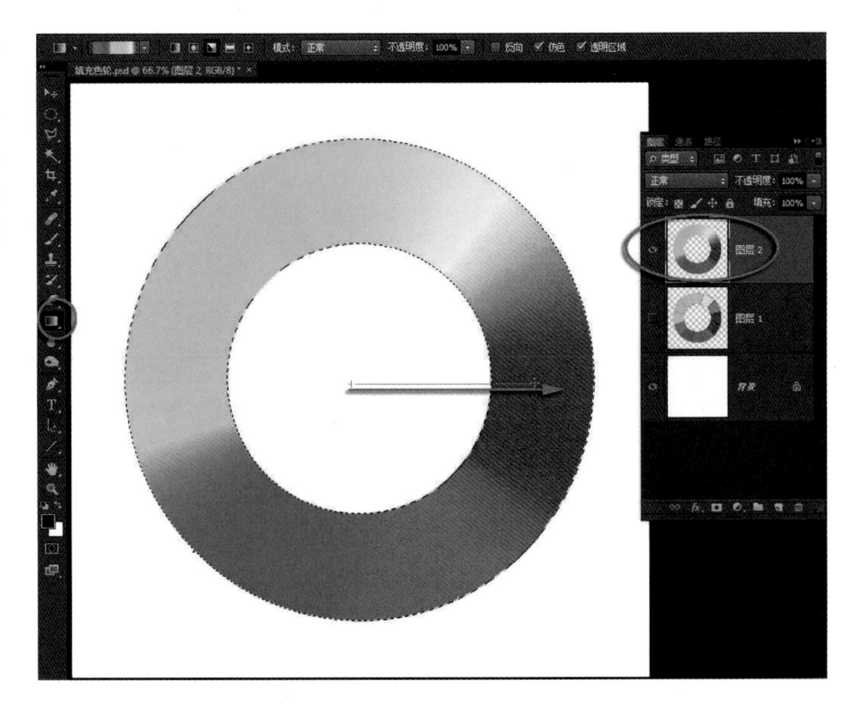

旋转色轮

为什么叫“色轮”，不叫色圈、色环？就是因为轮子是可以转动的。

在“图层”面板上关闭图层2，重新打开图层1。指定图层1为当前层。

按Ctrl+T组合键，打开变形框，看到色轮的外面出现了变形框。

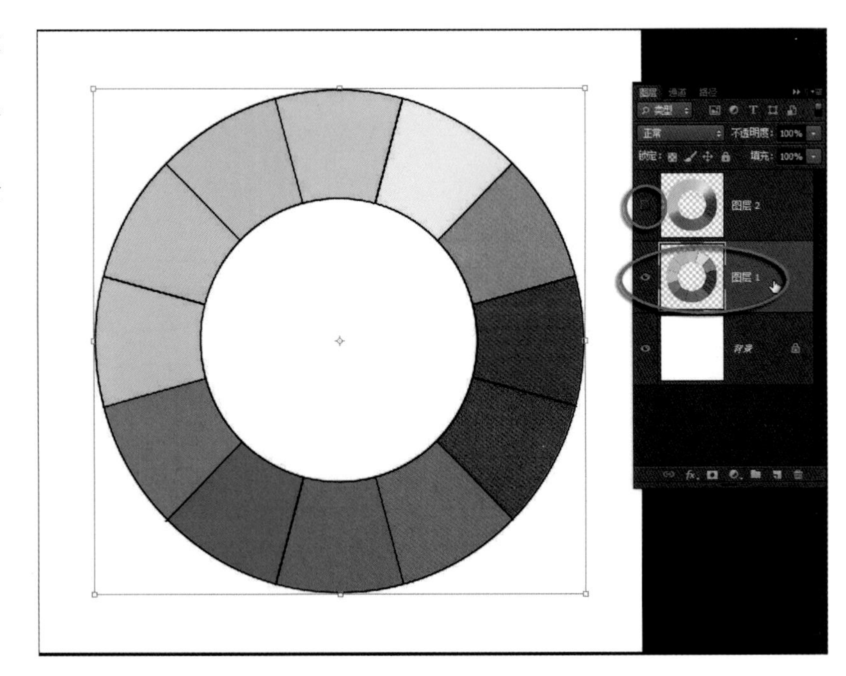

将光标放在变形框外面，可以看到是一个双向旋转箭头图标。按住光标移动，将变形框旋转。注意观察，色轮转动了。

可以转动任意角度。仔细观察，比如红色，旋转到了一个新的位置，实际上就是将原本那个位置的颜色替换掉了。色轮的旋转就是颜色的替换。

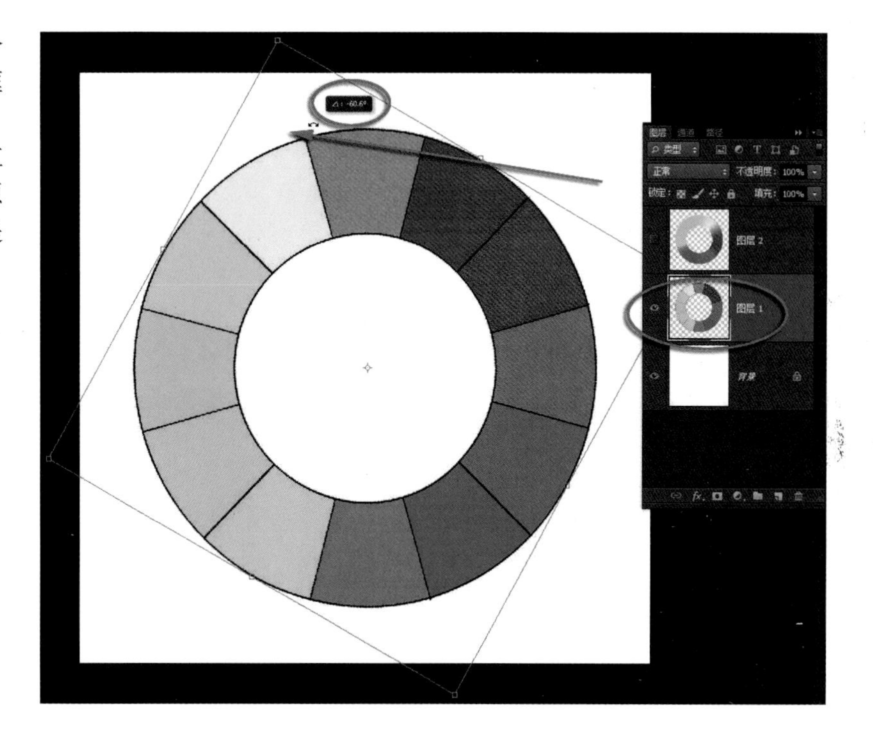

要点与提示

换一种方法来旋转色轮。

在图层面板上打开最上面的图层2，指定图层2为当前层。

选择“图像\调整\色相/饱和度”命令，打开“色相/饱和度”对话框。直接移动色相滑标。向左或者向右移动色相滑标，可以看到色轮旋转了。例如，红色旋转到了一个新的位置，也就是将原本这里的颜色替换了。

现在我们更清楚了，色轮的旋转就相当于颜色的替换。

这个实例讲述了什么是色轮，以及颜色的排列位置与关系，而且告诉我们颜色的替换就是色轮的旋转。

当然，色轮并不只是这个用途。在摄影中，了解色轮关系，可以更好地运用颜色，使我们的片子色彩更和谐、更靓丽、更舒服。

颜色替换的实际应用，我们在另外的实例中进行操作。

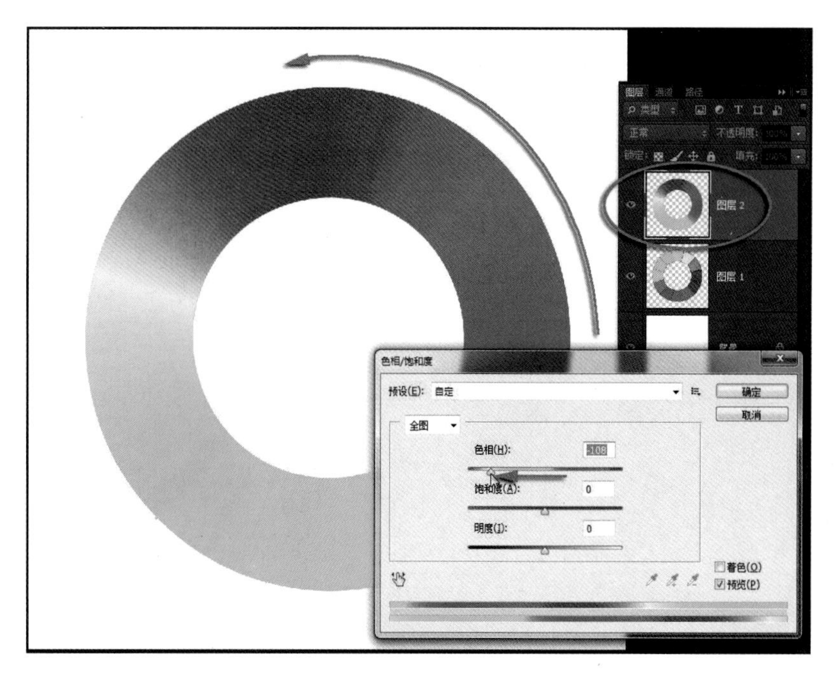

冠军品质
康师傅 冰红茶
创造可能
奥运标准

灵活用好色相/饱和度命令 14

色相/饱和度命令是Photoshop中处理图像色彩时最常用的命令，主要用来调整色彩的色相、饱和度和明度，还可以对色彩做置换。正确、灵活地用好色相/饱和度命令，是处理图像色彩的基本功。

我们表述某个颜色，恐怕极少有人说它的RGB参数值是多少。通常都是说它是一种颜色（色相），它的鲜艳程度（饱和度），以及它是亮还是暗（明度）。因此，正确理解和使用色相/饱和度命令，是熟练处理图像颜色的重要一环。

准备图像

打开随书“学习资源”中的14.jpg文件，找来一张江南小镇拍摄的照片，不是说拍的内容如何，而是因为这张片子中红绿蓝青品黄各种颜色都有了，用这样的图像来做色相/饱和度练习更能看出效果，也更能说明问题。

调整饱和度

在图层面板最下面单击创建新的调整层图标，在弹出的菜单中选择“色相/饱和度”命令，建立一个新的色相/饱和度调整层。

在弹出的“色相/饱和度”面板中，将饱和度滑标向右移动，图像增加了饱和度，所有颜色鲜艳起来了。

适当增加饱和度，可以使图像颜色鲜艳，拍摄的场景看起来更干净、通透，这样的场景色彩给人以现代感。

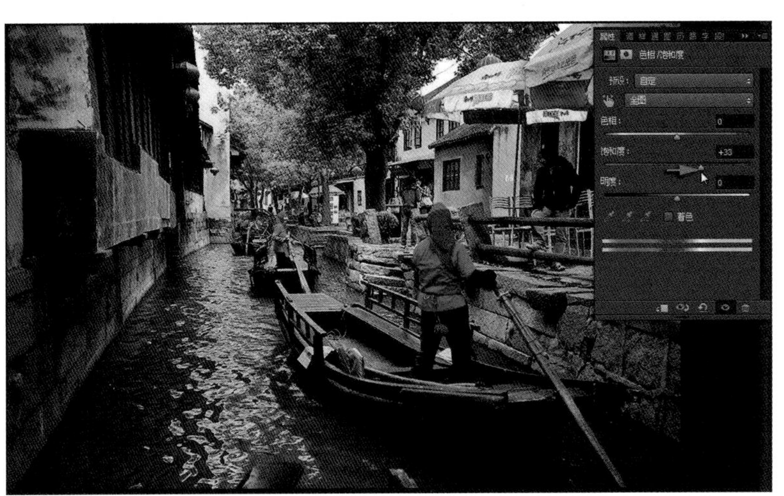

但是饱和度并非越高越好。

将饱和度滑标移动到最右端，看到图像中的颜色已经严重溢出，图像质量受到严重损坏。

很多初学图像处理的朋友，刚见到提高饱和度参数后亮丽色彩的图像，兴奋不已，往往将自己照片的饱和度都设置得偏高，这是需要注意的。设置饱和度参数的高低要依图像具体情况而定，一般来说不超过40为宜。

将饱和度滑标向左移动，图像中颜色越来越弱，出现了弱彩色的效果，感觉也很不错。

弱彩色效果当今很流行。这样的效果给人以沧桑感，场景看起来比较陈旧，让人有种安静的心态。

如果将饱和度滑标移动到最左端，图像中所有的颜色都没有了，变成了灰度图像，就是我们常说的黑白照片。

这是将彩色图像变为黑白的简单方法之一，对于摄影人处理制作黑白照片来讲，这样的转换效果很难令人满意，我们不提倡这种方法。

调整单色

将饱和度滑标复位。

打开面板上的颜色下拉列表，可以看到除了最上面的“全图”选项之外，还有红色、黄色、绿色、青色、蓝色和洋红6种单色可供选择。

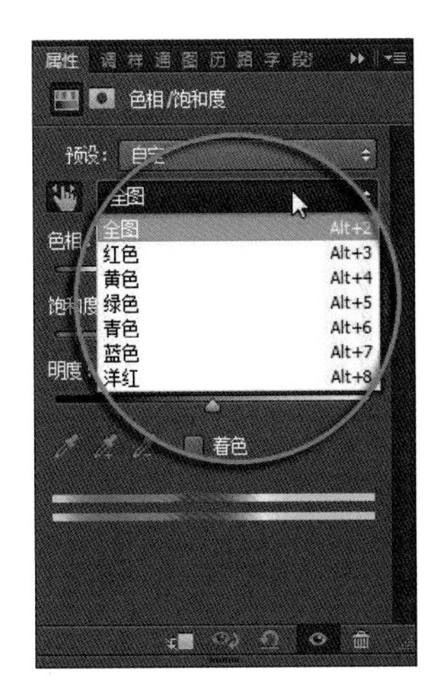

选择颜色下拉列表中的“黄色”选项，然后将饱和度滑标向右移动，可以看到图像中只有黄色的饱和度提高了。

也可以选择直接调整工具，在图像中用光标按住树叶位置向右移动光标，可以看到颜色选项自动选中黄色，并将饱和度滑标对应向右移动。

将当前黄色的饱和度滑标直接移动到最左侧，可以看到图像中所有的黄色都没有了。不仅黄色的物体变了，而且绿色的植物也都失去了颜色。

不要以为树叶是绿色的，就应该改变绿色的选项参数，实际上影响植物绿色的参数是黄色。

图像中有少量的绿色，如果用光标找不到，可以打开颜色下拉列表，选择绿色，再将饱和度降到-100。

当前仍然选择直接调整工具，将光标放在人物的蓝色衣服上，按住光标向左移动，看到颜色选项自动选中蓝色，并对应着饱和度降低，图像中所有的蓝色都被去除了。

打开颜色选项下拉列表，选择青色，将饱和度也移动到最左端，青色也被去除了。

再用光标按住图像中红色的灯笼以及品红色的头巾，向右移动光标，将图像中的红色和品红色的饱和度都适当提高。

现在图像中只有红色和品红色鲜艳，其他颜色都被去除了。红色在图像中点点跳跃，别有一番趣味。

替换某个颜色

颜色是可以替换的。

用直接调整工具在原本蓝色的衣服上按住鼠标向右移动，可以看到随着饱和度的提高，蓝色又复原了。

分别移动色相滑标和明度滑标，可以选择将当前选中的颜色替换成另外一种颜色。随意组合色相、饱和度和明度3个参数，替换的颜色变化无穷。

一般来说，按照色轮关系，替换的颜色为邻近色效果较好，尽量不要替换成对比色。

现在图像中只有红色、品红色和被替换了的蓝色，整个图像似乎有一种穿越时空的感觉。

不要小看这3个滑标，它们可以组合出千变万化的颜色来。

如果对所调整的颜色效果不满意，可以在面板最下面单击复原图标，所有颜色调整参数将恢复初始状态。

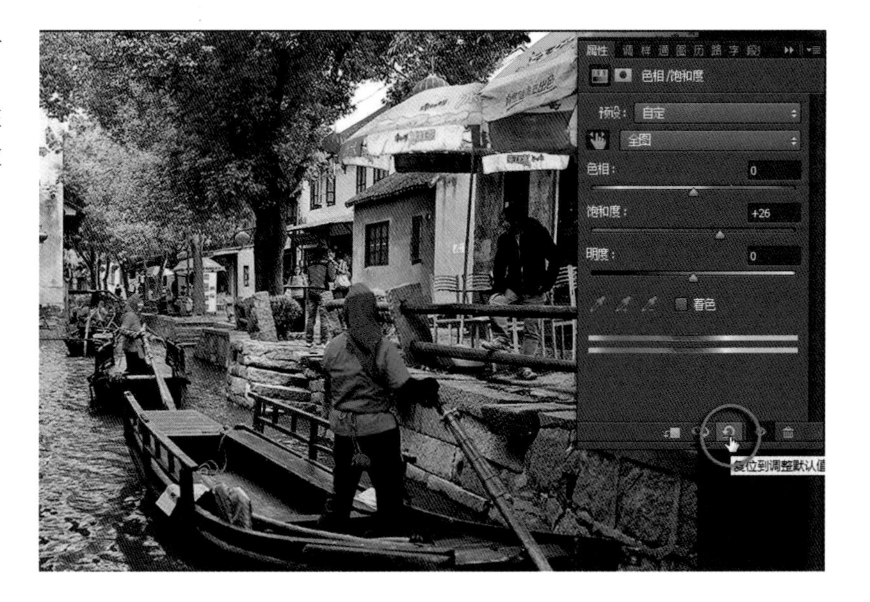

替换局部颜色

用刚才做过的方法，将图像中保留红色和品红色，去除黄色、绿色、青色和蓝色。

现在如果尝试将人物的头巾替换成黄色，需要改变红色和品红色两个参数中色相的滑标数值。但是在头巾变成黄色的同时，红色的灯笼也会被替换为黄色了。

如何让局部颜色做替换，不影响画面中其他地方的相同颜色？例如，将衣服从蓝色替换为红色，头巾从品红色替换为黄色，但保留灯笼的红色不变，这就需要为每一种替换分别建立一个“色相/饱和度”调整层，然后用蒙版做局部遮挡。

具体步骤不细讲了，留给大家当作业。也可以打开随书“学习资源”，里面有这个图像的PSD文件。

着色效果

在面板上勾选“着色”选项，移动色相滑标，设置所需的饱和度参数，可以为图像着色，使图像产生整体统一色调效果。

偏暗土红色的调子，给人以怀旧的感觉，似乎让读者观众走进历史的长河，去探寻古镇的过去。

将色相设置为蓝色，辅之以适当的饱和度，让图像整体呈现一种统一的蓝调子。这样的蓝色调偏冷色，给人以神秘、梦幻的感觉，似乎要带领读者走进一个神奇的梦境，去探寻古镇更多的秘密。

最终效果

熟练使用“色相/饱和度”命令可以调整出各种所需的颜色效果来，到底什么颜色好，这并没有一个明确的参数规定，完全依靠操作者对于照片的理解和喜好。

不同的颜色有其特定的情绪含义，使用好这些颜色，对于深入表现作品的思想是有推动作用的。

饱和度参数要慎重使用，尤其大幅度提高饱和度，会产生明显的噪点，对于图像质量的破坏尤为严重。

按照色轮关系替换颜色 15

彩色图像中的颜色是可以进行替换的，替换颜色是有规律和章法可循的。这个规律和章法就是色轮关系，也就是说替换颜色是严格按照色轮关系运行的。明白了色轮的旋转就是颜色的替换，再来做任何颜色的替换，就都能够明明白白运用自如了。

准备图像

打开随书“学习资源”中的15.jpg文件，这是一张普通的环境人像照片，专门用来做颜色替换练习。

照片中主要是玉米的橙黄色和衣服的青色，为了说明颜色替换的效果，在右侧专门做了红绿蓝3个色标。

复习色轮关系

前面的实例中讲述过色轮关系，强调在RGB色彩模式中，红绿蓝三原色的相互关系，以及它们与青品黄之间的位置关系。色轮非常形象地表述了这6个颜色的排列顺序。

一定要记牢这个色轮，记牢红绿蓝青品黄的位置和顺序，记牢每个颜色相差60度。记住了色轮，颜色替换就好办了。

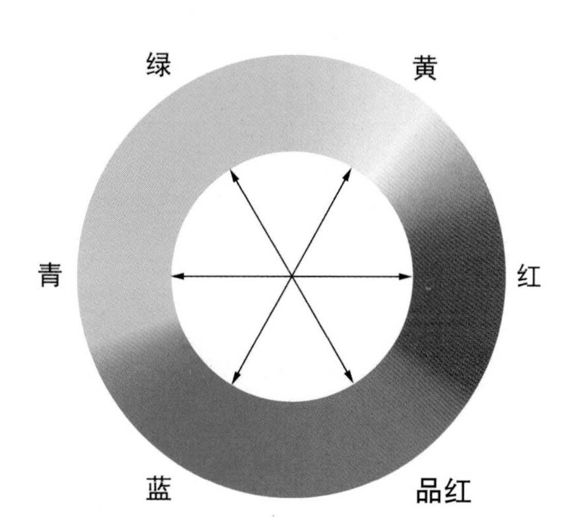

改变色相

选择“图像\调整\色相/饱和度”命令，快捷键是Ctrl+U组合键，打开“色相/饱和度”对话框。

这个对话框大家很熟，但是知其然还要知其所以然。

将色相滑标向左移动到-59。

首先看到图像中的颜色变了。红绿蓝3个色标依次变成了品黄青，图像中橙黄色的玉米变成了品红色，青色的衣服变成了绿色。

回去看一看前一页的色轮，一一对应颜色替换前后的位置，发现色相设置为-59，就是色轮顺时针旋转了59度。

再将色相滑标移动到最左侧，参数值为-180。

图像中红绿蓝色标变成了青品黄，玉米和衣服的颜色也被替换了。

再想想色轮，发现原来就是色轮旋转了半圈，色轮上的所有颜色对调了位置，跑到了对面。

再将色相滑标移动到右侧，参数值为+60。

图像中橙黄色玉米替换成黄绿色，青色衣服替换成蓝色。3个色标的颜色也被替换了。

闭上眼睛想一想，这次是色轮逆时针旋转了60度。现在即便不看图像，也能计算出来，红变黄，绿变青，蓝变品红。睁开眼睛看一看，对了吧。

再将色相滑标移动到最右侧，参数值为+180。

这次色轮又旋转了半圈，是从另一边转过去，颜色的位置与刚才-180度重合了。

看对话框最下面的两个彩条。上面的彩条是图像中固有的颜色，下面的彩条是被替换的颜色。拖曳色相滑标，可以看到下面的彩条不停移动。上下彩条对照，可以清楚地看到上面图像中固有的什么颜色，被替换成了下面的什么颜色。

按住Alt键，看到对话框上的“取消”按钮变成了“复位”，单击“复位”按钮，所有参数恢复初始状态。

替换单一颜色

如果需要替换某种单一颜色，需要打开颜色通道下拉列表。选择青色选项，准备替换衣服的颜色。

可以看到在对话框下边两个彩条之间出现两对滑标，上面有两组数据。

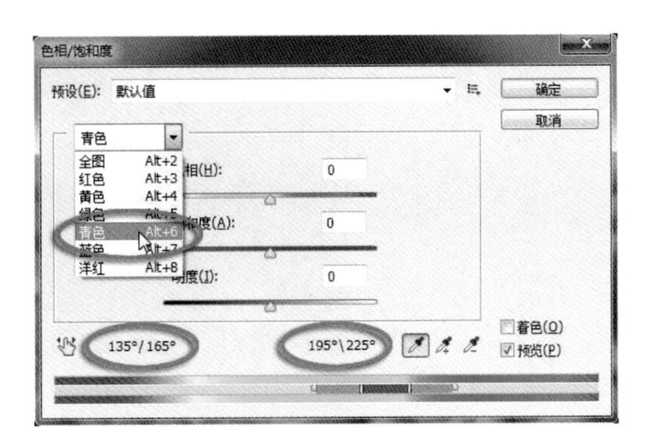

青色区域正好位于彩条的两端，不便于现在观察。按住Ctrl键，光标放在彩条上变成了抓手，按住鼠标移动彩条，把要替换的颜色区域移动到中间便于观察的位置。

两个彩条之间的两对滑标，内侧两个直立滑标是颜色的绝对替换区域，外侧两个三角滑标是颜色的相对渐缓替换区域。

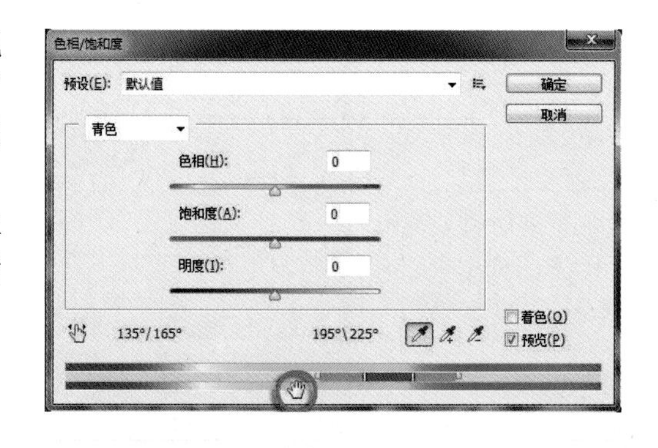

随意移动色相滑标。可以看到随着色相滑标移动，衣服的青色被替换了。色相滑标所在位置的颜色就是被替换的颜色。两个彩条之间也可以看到上面的青色被替换成下面的新的颜色。

不断移动色相滑标，衣服的青色被不断替换成新的颜色。因为设置了替换单一青色，因此现在只替换图像中的青色，不会影响到图像中的其他颜色。

而这个图像中只有衣服的颜色是青色，这恰恰是这个实例最有意思的地方。

色相参数设置好以后，颜色的替换并没有完成。

还可以继续更改饱和度参数，在色相不变的前提下，替换的颜色依然会发生很多变化。

把设置饱和度参数与明度参数结合起来，被替换的颜色还可以发生更多的变化。

如果改变替换颜色区域的滑标，还可以变更替换颜色的范围。

将直立滑标向外侧移动，就扩大了替换颜色的区域。可以看到上面彩条中更多的颜色被替换成下面彩条对应的颜色。

不动直立滑标，将外侧的三角滑标继续向外移动。可以看到又有更宽范围的颜色被替换。但是这个区域中的颜色是逐渐被替换的，这是颜色替换的一个缓冲区。

最终效果

这个实例非常形象地说明了颜色替换就是色轮的旋转。过去用“色相/饱和度”命令做颜色的替换，可能是反复试验，现在应该明白了按照色轮关系主动替换颜色。

还要记牢，黑白不是颜色，而是明度。所有的颜色明度参数最高时都是白色，明度参数最低时都是黑色。黑白灰是不能做颜色替换的，色相和饱和度参数对黑白灰不起作用，只有明度参数对它们起作用。

丁达尔效应和耶稣光、圣光

在风光摄影中，当阳光透过云朵，在天空出现那种放射状的光芒时，摄影人都会兴奋起来。面对天空那一束束向下放射，或者向上放射的光芒，架起相机迅速拍摄。我们把这种放射状的光线称之为“耶稣光”“圣光”“云隙光”，没有统一规范的名称。其实这是一种自然状态中的光射现象，应该叫“丁达尔效应”。拍摄带有耶稣光的风光片，一方面是前期拍摄曝光要准，我的经验是按照80%亮度点测光，小光圈。另一方面是要做后期处理。如果没有好的后期，直接拍摄的耶稣光效果很难完美地表现出来。

百度百科“云隙光”词条说：云隙光是从云雾边缘射出的阳光，照亮空气中的灰尘而使光芒清晰可见。照耀地面的云隙光在西方国家被称为耶稣光或上帝之梯，许多电影、画作、动漫也常使用洒落地面的云隙光作为神圣、崇高、救赎的象征。对地面的观测者而言，只要有云或雾遮挡太阳，就有可能看到此现象，但最重要的还是水汽和灰尘条件。因此，云隙光在多云天气较常见，晴朗日子里则常发生于日落。

拍摄迷人的耶稣光，很多人都会误以为拍摄光线，所以把光圈开大，就能立即捕捉，那就错啦！相反，拍摄耶稣光需要缩小光圈，最好把光圈缩到F8或是更小，让眼前的景物，不管是近景、远景，都能清晰显现。

拍摄到的耶稣光照片，往往会感觉不如眼睛看到的那么好看，光线的效果很不明显。这与我们眼睛对于光线的识别能力大于相机有关。因此，拍摄的耶稣光照片通常都要做后期处理，特别是对耶稣光的局部做加强反差的处理。

巧手绘金秋 16

使用色相/饱和度命令替换颜色，最常见、最简单、最有效的，莫过于风光片制作金秋效果了。秋天的色彩是斑斓的，主要是植物的绿色变成了各种红色、黄色。而数码照片中绿色植物的关键控制颜色是黄色，因此，只要将黄色替换成红色，金秋的效果就出来了。招手即是。

准备图像

打开随书“学习资源”中的16.jpg文件，这是一张用小数码相机拍摄的长城风光。虽然已是初秋，但满山的树叶还没有完全变色。

我们很想看到秋色浓浓的长城。

在图层面板最下面单击创建新的调整层图标，在弹出的菜单中选择“色相/饱和度”命令，建立一个新的色相/饱和度调整层。

改变色相

在弹出的“色相/饱和度”面板中，首先将全图的色彩饱和度滑标适当向右移动。

提高图像的色彩饱和度，对于替换颜色会有更明显的效果。

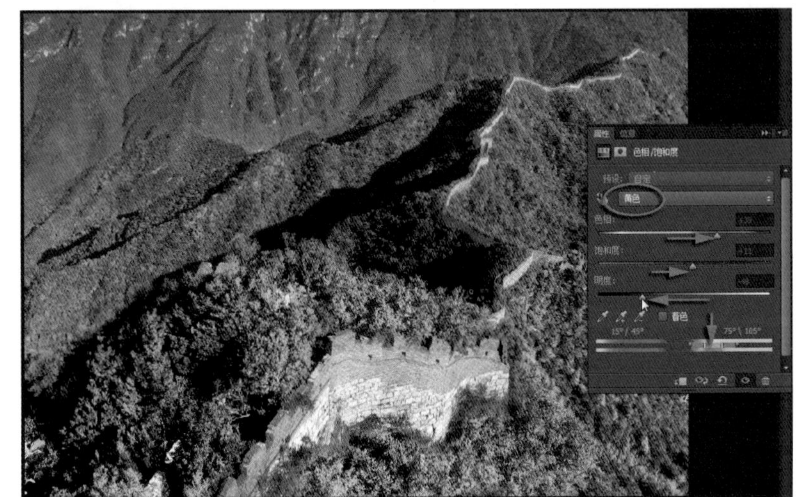

打开颜色下拉列表，选择“黄色”选项。

如果想看到夏天郁郁葱葱的长城，需要让树木都呈现深绿色。将色相滑标适当向右移动，饱和度提高一点，还要将明度参数降低。注意观察面板下面两个彩条中颜色绝对替换的区域，确认上面彩条的黄色替换成下面彩条的绿色了。

如果想看到金秋长城满山斑斓的色彩，就将色相滑标向左移动，饱和度再提高一点，明度恢复为0。看到下面彩条中，黄色被替换成为橙红色。图像中秋天的色彩出来了。

灰蒙版修饰

感觉长城墙体的色彩也偏红了，需要做精细修饰。

打开通道面板，按住Ctrl键，用鼠标单击反差最大的蓝色通道，载入蓝色通道选区，看到蚂蚁线了。

载入通道选区是蒙版操作的技术，在这里不做详细讲解。

回到图层面板，激活蒙版，确认图像是彩色的，蚂蚁线还在，在工具箱中设置前景色为黑色。按Alt+Delete组合键在蒙版中填充黑色。看到灰蒙版有了，按Ctrl+D组合键取消选区。

在灰蒙版的遮挡下，图像中金秋的红黄色更显自然。

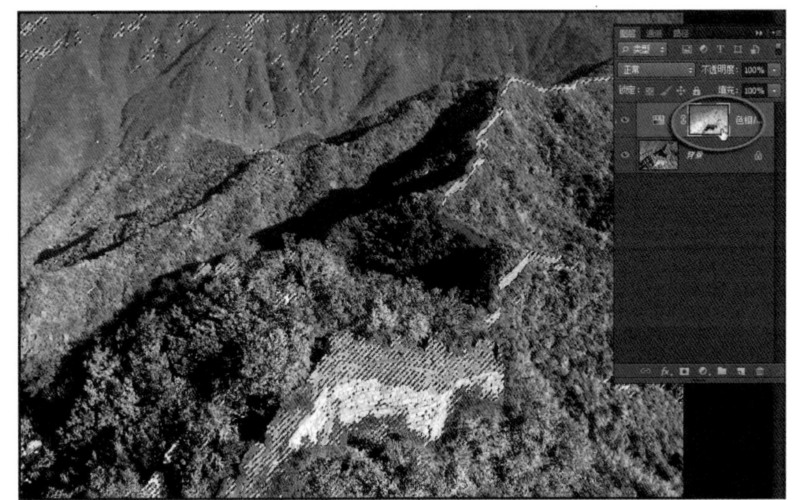

继续修饰色彩

如果感觉蒙版遮挡后的色彩不满意，可以在当前调整层上双击调整图标，重新打开色相/饱和度调整面板，继续调整各项参数，直到满意。

感觉近景还可以再继续强调。

在工具箱中选择画笔，设置合适的笔刷直径和最低的硬度参数。

用白色画笔把近景的树木涂抹出来，秋色更浓了。用黑色画笔将近景的长城涂抹掉，长城的墙体颜色恢复本色。

最终效果

只经过一个色相/饱和度命令调整，只替换了图像中的黄色，又经过灰度蒙版的细致遮挡，长城上的金秋表现出来了。

真正的长城金秋色彩就是这样的，因为替换的色彩与植物的变色是一致的。但真正的长城金秋我们很难看到这样的景色，因为北京的秋天太短了，秋叶未变色，秋风已吹落。

再做一个实例

打开随书“学习资源”中的16-1.jpg文件，这是一张旅游纪念照，也是用小数码相机拍摄的，也是初秋。

我们希望享受金秋的绚丽，但是我们很难赶上一个满意的好天气，那就动动手吧。

替换颜色

依旧是在图层面板最下面单击创建新的调整层图标，在弹出的菜单中选择“色相/饱和度”命令，建立一个新的色相/饱和度调整层。

在弹出的“色相/饱和度”面板中先将全图的饱和度参数适当提高。

打开颜色下拉列表，选择“黄色”选项。将色相滑标向左移动，饱和度滑标向右移动，看到下面彩条中，黄色对应替换成为红色，图像中满地秋叶的红黄色彩漂亮了许多。

再次打开颜色下拉列表，选择“绿色”选项。将色相滑标稍向左移动，饱和度滑标适当右移，明度滑标向左移动。看到图像中的绿色开始偏黄并适当压暗了，这与秋色的调子就更相符了。

修饰蒙版

做了颜色替换后，人物的皮肤、树干等地方也出现了被替换的颜色，需要修复。

在工具箱中选择画笔工具。前景色为黑色，设置合适的笔刷直径和适当的硬度参数。现在还是在蒙版操作状态下，用黑色画笔将不需要替换颜色的人物、树干等部分涂抹回来。

最终效果

巧手绘金秋，看起来挺简单的。重要的是明白替换颜色的原理，还是从色轮关系上理解，就是将绿色替换为黄色，将黄色替换为红色，让色轮顺时针旋转了60度。

只要原片中的绿色影调明快，饱和度较高，将夏天的景色替换成金秋都很容易实现。

老邮差这个网名的由来

现在说到老邮差这个名字，很多自己做后期的摄影爱好者都知道。好多朋友问我，这个名字怎么来的？有出处吗？

其实，老邮差这个名字实属偶然随意。

大约是在2000年，那时Photoshop已经开始流行，网上有很多Photoshop的网站和论坛。于是我用女儿的小名在网上注册了“丫格格”的网名。我很愿意参加大家关于Photoshop的讨论。由于我当时Photoshop已经比较熟练，大概也因为“丫格格”这个网名引起了一些网友的遐想吧，所以只要我一露面，总能引起热烈的气氛。终于有一天，论坛版主发现我出版的一本Photoshop书，得知“丫格格”原来是“丫哥哥”，结果满论坛都起哄，那我还是改名吧。

当时，我坐在计算机前，注册输入一个新名字，提示有人已经注册了。再输入一个，还是有人注册了。我旁边的电视里正在播放美国NBA篮球比赛，那时一个巨星是卡尔·马龙，他的绰号是邮差。我输入了“邮差”这个名字，不料又提示有人注册过了。于是我随手在邮差的前面加了一个“老”字，敲回车键，居然就通过啦！

从那以后我使用老邮差这个网名，陆续在网上发表了一系列自编的Photoshop教程，既有单个的教程，如制作某种特效的方法，也有很多系列教程，如图像处理基础知识系列、图像优化系列、中性灰系列、色阶系列、蒙版系列等。总共有四五十个教程。这些教程在当时引起了很多Photoshop爱好者的注意，各个系列教程被转发得满天飞，也有热心的网友把这些老邮差系列教程都收集起来，制作成专门的电子书。那时，有些教程帖子是要用回帖或者积分才能打开，由此换取点击量和自己的积分。我对要求转帖我的教程的朋友说，我的教程全开放，让所有想学Photoshop技术的朋友随便打开看。第一，那些虚拟世界的积分点击量实在没用，第二，好内容自然会有高点击量。大概两年后，老邮差这个名字在这个圈里已经很热了。

老邮差这个网名也容易引起误解。当时我才四十几岁，却常常被恭为退休老人。好多人以为我是邮电系统的，让我邮购图书。我也曾想改名，但几次犹豫，几次放弃。老邮差这个名字已经得到广大网友和摄友的认可，就这样吧。而且老邮差这个名字在大众心中的形象和应该承担的职责，也符合我的心态和工作任务。

很多网友说：我就是看着老邮差的教程步入Photoshop之门的。有这句话，我已经很欣慰了。

第4部分 色彩保存与通道

通道就是这么回事 17

不同颜色的通道记录了某种颜色的分布状况。把这些通道的信息拆开，并且在图层中进行合并，一方面深入理解通道的含义，另一方面也重温载入通道选区和图层混合模式的操作。

准备图像

打开随书“学习资源”中的17.jpg文件，实际上，任何一张彩色图像都是可以做这个练习的。

打开“图层”面板，单击下面的创建新图层图标4次，生成4个新的图层，图层1、图层2、图层3与图层4。

载入通道选区

打开通道面板。在红色通道上单击鼠标，选择红色通道为当前通道。

在通道面板的最下面，用鼠标载入通道选区图标，在图像中看到蚂蚁线了。这样就载入了红色通道的选区。

单击RGB复合通道，所有通道都被激活，这时又看到正常的彩色图像了。

经常有朋友在这一步用鼠标单击RGB通道前边的眼睛图标，这样只是让3个通道可见，但并没有打开3个通道，这样做是不对的。

必须打开3个通道，在通道面板上看到3个通道都处于激活状态。

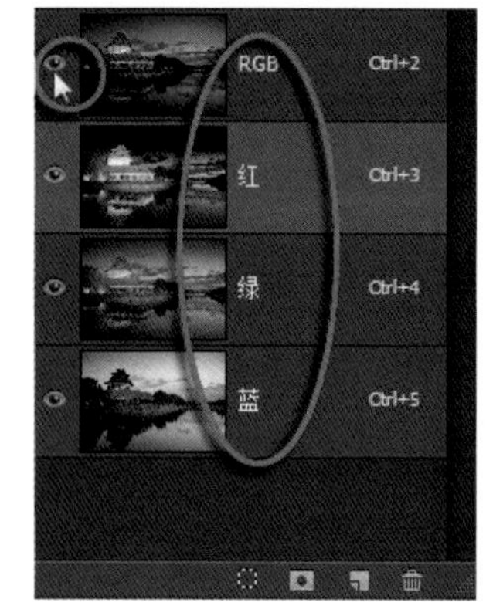

填充颜色

回到图层面板，指定最上面的图层 4为当前层。

在工具箱中单击前景色图标，打开“拾色器”对话框，设定RGB颜色为R255、G0、B0，这是RGB的纯红色，单击“确定”按钮退出。

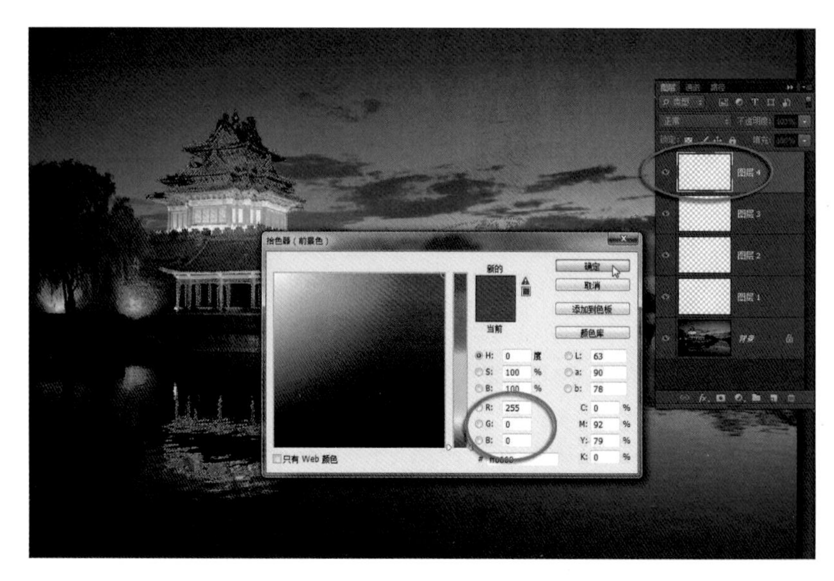

按Alt+Delete组合键，在图层 4中填充前景色为红色。红色图层有了，这就是原图像中所有的红色。如果暂时关闭背景层，可以清楚地看到图像中所有红色的效果。

制作绿色和蓝色图层

再来做绿色图层。

首先必须关闭图层4，确认背景层是打开的，图像恢复正常色彩效果。按Ctrl+D组合键取消现有选区。

再次打开通道面板。

在通道面板中单击选择绿色通道。

换一种方法来载入绿色通道选区。按住Ctrl键单击绿色通道，这样绿色通道的选区一样被载入，在图像中看到蚂蚁线了。

单击RGB复合通道，所有通道都被激活，再次看到蚂蚁线了。

回到图层面板，指定图层 3为当前层。

在工具箱中单击前景色图标，打开“拾色器”对话框，设定RGB颜色为R0、G255、B0，这是RGB的纯绿色，单击“确定”按钮退出。

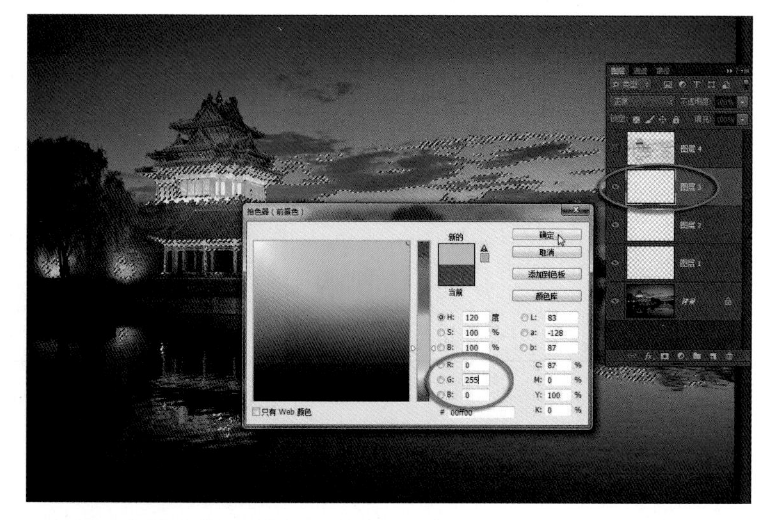

按Alt+Delete组合键，在图层3中填充前景色。绿色图层有了，这是图像中所有的绿色。

再来做蓝色图层。

关闭图层3，看到正常颜色图像了。

打开“通道”面板。在通道面板中按住Ctrl键直接单击蓝色通道，这样蓝色通道的选区同样被载入，在图像中看到蚂蚁线了。

因为这次没有单击蓝色通道进入，因此也不用单击RGB通道返回。这样操作更简便，但心里必须很清楚单击载入的是哪个通道的选区。

回到图层面板，指定图层2为当前层。

在工具箱中单击前景色图标，打开“拾色器”对话框，设定RGB颜色为R0、G0、B255，这是RGB的纯蓝色，单击“确定”按钮退出。

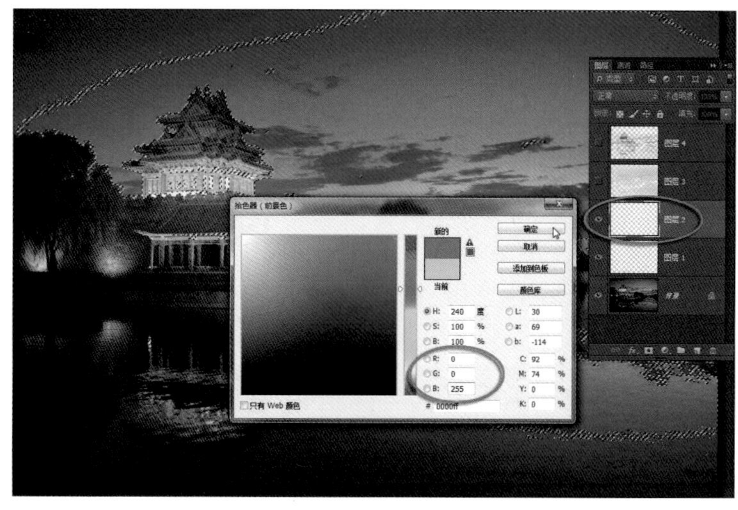

按Alt+Delete组合键，在图层2中填充前景色。蓝色图层也有了。按Ctrl+D组合键取消选区。

设置混合模式

3个颜色层有了，再来设置图层混合模式。

在“图层”面板上打开上面的图层4、图层3。关闭背景层。现在只能看到3个填色层的效果。

指定最上面的图层4红色层为当前层，打开图层混合模式下拉框，选择“滤色”命令，将当前层的混合模式设定为“滤色”模式。

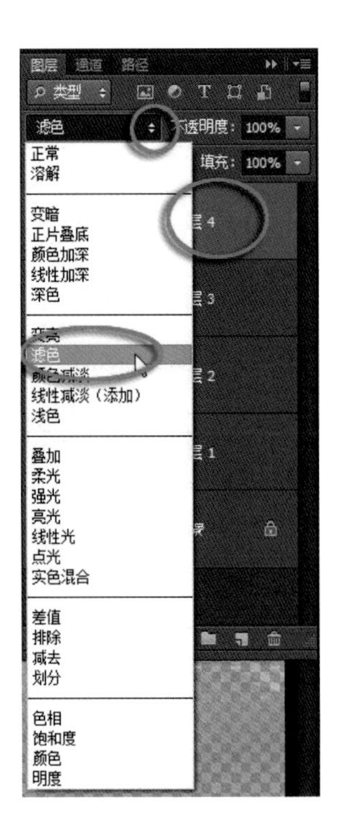

按照刚才的操作方法，分别为图层3绿色层和图层2蓝色层都设定图层混合模式为滤色模式。

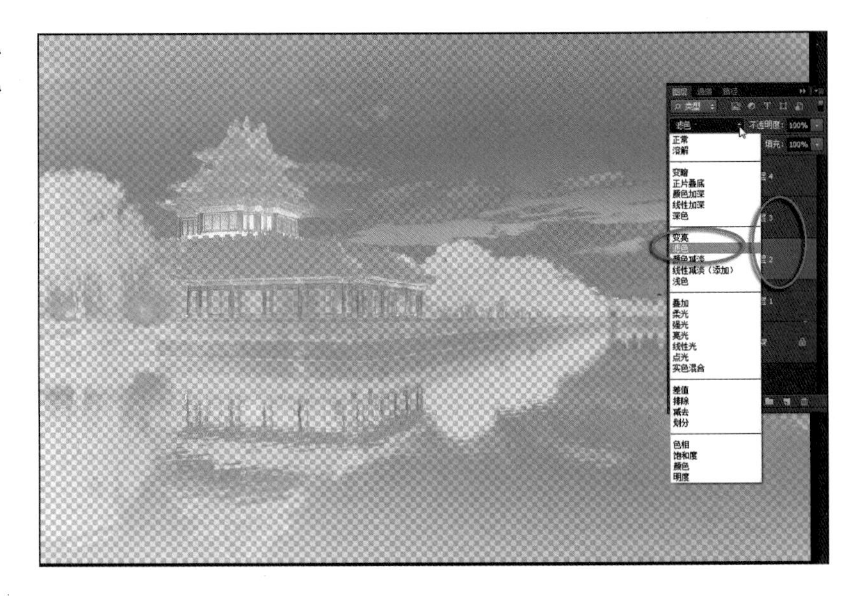

复原图像

关闭背景层。

指定图层 1为当前层。

在工具箱中单击默认前景色和背景色图标，或者在键盘上按D键，设置前景色为黑色。按Alt+Delete组合键，将前景色填入图层1中。可以看到，原来的图像又奇迹般地复原了。

最终效果

通过这个练习可以看到，通道就是某一种颜色的分布状况。RGB模式的图像就是由红绿蓝3种颜色的图像，按照加色法的特定混合模式合成而来的。

做好这个练习，对于认识通道，打消对通道的畏惧感有很大的帮助，并且对于以后利用通道调整图像色彩很有好处。因为这个实例已经说明，图像是几个通道的合成，那么，改变某个通道的影调关系，当然就会改变整个图像的色调关系了。

现在可以有信心地说：通道就是这么回事儿！

色彩保存在通道中 18

我们看到色彩图像是五颜六色的，那么，你是否想过：这么多颜色储存在哪儿呢？我们说，色彩是储存在通道中的。学习这个实例，要边操作边思考，认真理解色彩储存在通道中的道理和意义。

准备图像

打开随书“学习资源”中的18.jpg文件，实际上，任何一张彩色图像都可以做这个练习的，当然，色彩越鲜艳效果会越好。

制作4个颜色色标

在工具箱中选矩形选框工具。用选框工具在图像中任意地方拖曳一个选区，对形状、大小都没要求。

在工具箱中单击前景色图标，打开拾色器。设置RGB颜色值为R255、G0、B0，这是纯红色。单击“确定”按钮退出。

按Ctrl+Delete组合键，在选区内填充前景色为红色。

将光标放到选区蚂蚁线内，按住鼠标移动选区。再次打开拾色器，设置RGB颜色值为R0、G255、B0，这是纯绿色。单击“确定”按钮退出。按Ctrl+Delete组合键，在选区内填充前景色为绿色。

用同样的方法继续制作填充蓝色色标，RGB参数值为R0、G0、B255。再制作黄色色标，RGB参数值为R255、G255、B0。

观察通道

打开“通道”面板，可以看到最上面是RGB复合通道，下面依次是红绿蓝3个颜色通道。

每个通道以灰度记录这个通道中颜色的分布状况。

在红色通道中记录的是这个图像中红色的分布状况，对照图像我们可以看到：红色的色标和黄色的色标是白的，因为这两个色标里面有红色。绿色和蓝色的色标是黑的，因为这两个色标中没有红色。图像中沙滩有较多的红，因此偏亮；蓝天没有红，因此很暗。

再单击选择绿色通道来观察这个图像中绿色的分布状况。

绿色色标为白，黄色色标也为白，因为在RGB色彩中黄=红＋绿。图像中树叶中有一些绿，沙滩中有一些黄，因为黄=红＋绿；蓝天和海水中有一些绿，因为青=蓝＋绿。

单击选择蓝色通道来观察这个图像中蓝色的分布状况。

只有蓝色色标为白，其他3个色标中都没有蓝，因此都是黑。图像中天空与海面最亮，因为这里的蓝最多。而植物和沙滩中很少有蓝，因此这里很暗。

另外需要注意的是，白云和白色的浪花在RGB 3个通道中都为白，说明这里是最强的红色、绿色、蓝色。因为在RGB色彩中，白=红＋绿＋蓝。而3个通道中都为黑的地方，就是真正的黑。

在通道面板中单击最上面的RGB复合通道，看到彩色图像了。

我们现在知道了，在RGB的某个通道中，以灰度关系记录的这个颜色的分布状况。越亮的地方这个颜色越多，越暗的地方这个颜色就越少。

对照彩色图像，认真思考3个图像的关系，想明白在图像中任意一个地方，那个具体的颜色在RGB 3个通道中应该是什么样的黑白灰关系。

观察两个通道相加的效果

再来观察RGB中任意两个通道相加的效果，更进一步理解通道保存颜色的意义。

在通道面板中用鼠标单击蓝色通道最前面的眼睛图标，关闭蓝色通道。可以看到图像偏黄，因为现在只有红色通道和绿色通道起作用，红＋绿=黄。

关闭绿色通道，打开蓝色通道。可以看到图像色调偏品红，因为现在只有红色通道和蓝色通道起作用，红＋蓝=品红。

如果关闭红色通道，打开绿色和蓝色通道，可以看到图像色调偏青。因为绿＋蓝=青。

那么，我们再进一步思考就明白了，如果图像偏色，就是因为缺少某个通道的颜色。例如照片色调偏青，肯定是因为缺少红色了。

观察通道明暗对色彩的影响

继续做试验。

打开RGB 3个通道。

选择红色通道为当前通道。在当前通道中填充白色。

在工具箱中如果前景色为白色，按Alt+Delete组合键填充前景色；如果背景色为白色，按Ctrl+Delete组合键填充背景色。

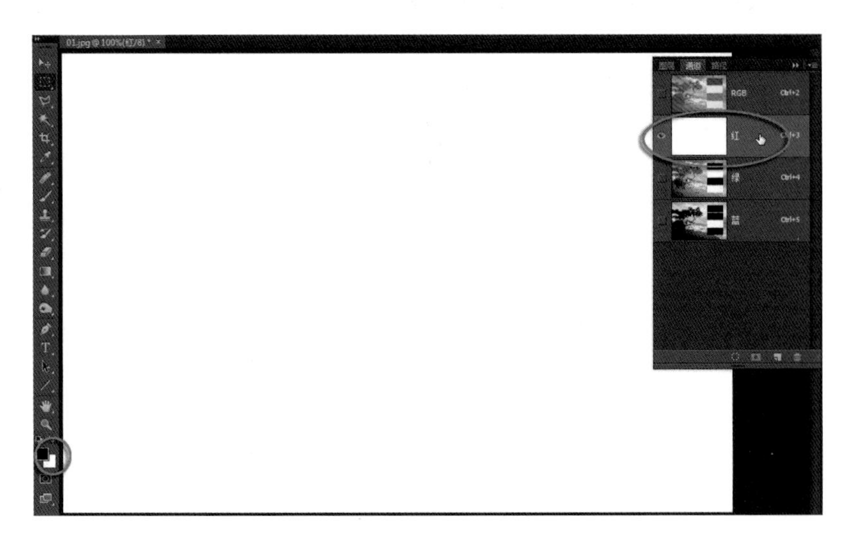

在通道面板上单击RGB复合通道，观察图像可以发现图像整体偏暖色调。

红色通道完全为白色就是图像整体增加了完全的红色。那么，图像中原来的蓝天加红为品色，绿树加红为黄，纯黑地方为红。只有白云和白色浪花不变，因为红绿蓝相加为白。

反过来再试验一下。

单击选择红色通道，在当前红色通道中填充完全黑色。

工具箱中如果前景色为黑色，按Alt+Delete组合键填充前景色。如果背景色为黑色，按Ctrl+Delete组合键填充背景色。

在通道面板上单击RGB复合通道，观察图像可以发现图像整体偏冷色调。

红色通道完全为黑色就是图像整体完全没有一点红色。那么，图像中原来的沙滩减红为绿，绿树减红为纯绿，白云和白色浪花减红而偏青。白色都开始偏青，只有纯黑的地方不变。

通道控制色彩

明白了通道可以存储颜色，也就知道了通道可以控制颜色。

按F12键，图像恢复初始状态，继续做通道控制颜色的试验。

选择红色通道。

选择“图像\调整\曲线”命令，快捷键为Ctrl+M组合键，打开“曲线”对话框。

可以看到曲线对话框的通道选项中已经自动选中了红色通道，曲线中的直方图已经是图像中红色的直方图。

在曲线的上下两侧各建立一个控制点，分别将高点向上移动，低点向下移动。这样一来，就是在红色通道中，亮调部分增加了红色，暗调部分减少了红色。

单击“确定”按钮退出。

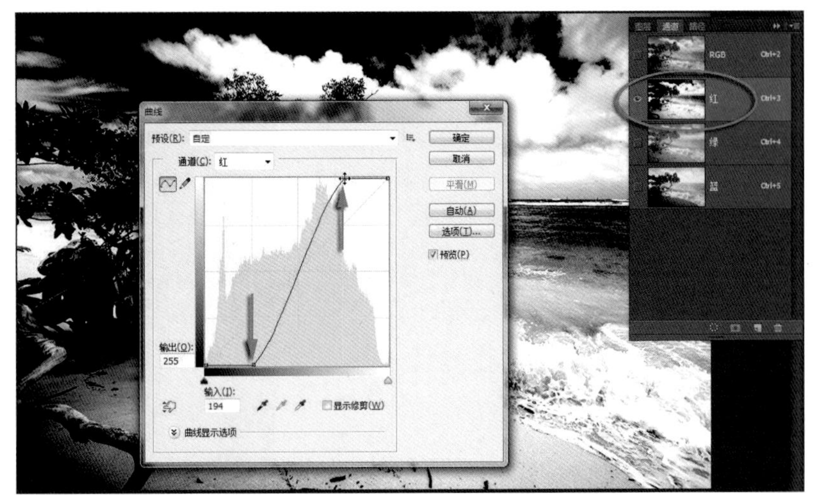

在通道面板中单击RGB复合通道，观察彩色图像。

可以看到，由于亮调部分增加了红色，使白云和浪花中原本灰色的地方开始偏红。沙滩的亮部也偏红了。而暗调部分减少了红色，使蓝天、大海、绿树都开始偏青。

现在的感觉是，整个图像，亮调偏暖，暗调偏冷。

实际上通过控制通道的明暗来控制颜色是非常好的方法，但是我们很少直接调整通道来实现。

按F12键，再次将图像恢复初始状态。

回到“图层”面板。

选择“图像\调整\曲线”命令，快捷键为Ctrl+M组合键，打开“曲线”对话框。

在曲线对话框中打开通道下拉列表，选择红色通道选项。再来做曲线的调整，这与前面调整通道是完全一样的。道理一样，效果也一样，但更直观，更方便。

按住Alt键，看到对话框右上角原来的“取消”按钮变成了“复位”按钮。单击“复位”按钮，所有参数恢复初始状态。

在对话框中打开最上面的“预设”下拉列表，可以看到这里已经有了多项预设选项，选择“反冲”。可以看到曲线中红绿蓝3个通道颜色曲线被调整后的状态，这3个曲线被调整后图像的色彩也就被改变成反冲效果了。

如果对现在的色彩效果不满意，还可以继续调整。

打开通道下拉框，选择红色通道。在红色通道曲线上分别设置两个控制点，然后分别将高点向下压，低点向上抬。就是在图像的亮调中减少红色，在暗调中增加红色，可以看到图像甚至出现了类似红外摄影的效果。

几点认识

这个实例练习告诉我们很多。

第一，颜色通道中以灰度关系存储颜色，表现了这个图像中某个颜色的分布状况。

第二，在RGB色彩模式的颜色通道中，颜色越多越亮，颜色越少越暗。注意，这只是在RGB色彩模式中，而在其他色彩模式中并非如此。

第三，改变通道的明暗关系，就是改变图像的颜色，校正偏色和调整颜色，实际上都源于此。

第四，增加或减少某种颜色，其理论基础是RGB加色法的原理，控制颜色去调整通道是基于RGB红绿蓝三原色基本关系的。

因此，要想得心应手、随心所欲地调整好颜色，关键是在完全理解RGB色彩关系的基础上，控制好通道的明暗关系。

杂谈

关于风格

风格，是一个分量很重的话题，涉及方方面面。它既包括摄影的用光、构图，又包括使用的器材、参数，也包括美学的调式、构成，还包括思维的审美、题材，甚至包括心理的情感、性格等。形成风格与创作者的阅历、思维、文化等有直接的关系，形成风格不仅需要时间的积累和作品的沉淀，而且需要深入的思考和反复的探索。我们当年上大学读中文专业的时候，老师说过一句话给我印象极深，他说：“风格是一个作家全面成熟的标志。”

我们做摄影，从开始初学，到拍摄熟练，再到逐渐形成自己的摄影风格，这通常也是一个比较长的过程。我们不必着急想象自己要形成一种什么风格，因为风格往往不是自己刻意规划好的，而是在自己大量的摄影实践中，不断学习，不断思考，不断尝试某种喜欢的东西，放弃某些不适合自己的东西，然后慢慢积累、汇集自己擅长的东西，最终被你的读者归纳、总结、提炼出来的东西。自己的风格并不是作者自己提出来的，并不是在某年某月某日就产生了的。风格的形成是一个“越来越”的过程。

风格不是自我标榜的我喜欢什么样的作品，而是读者观众从你的作品中得出的公认的比较一致的看法。是对你摄影作品的表现题材、艺术手法的同一性的认可。是你自己在摄影过程中擅长某些内容和表现手法的一贯性的沿承。

我也在不断地摸索，追求形成自己的风格。总需要不断地看别人的片子，看自己过去的片子，从中发现一些问题、一些苗头、一些可以借鉴的火花。现在我看自己前两三年拍的很多片子，就有一种恨不得撞墙的感觉，自己对自己说：这样的景物当时怎么能这么拍，眼睛看什么呢？脑子想什么呢？

风格与特点并不等同。风格高于特点，风格是特点的集合和提升，特点是风格的雏形和基础。特点可以在一张片子中表现出来，而风格应该在一批作品中提炼出来。

风格是内容和形式的统一，风格与题材无关。重大题材可以形成风格，而小品也可以形成风格。

不是谁都能形成自己的摄影风格的，而没有风格的摄影大概也很难有社会意义和艺术价值。

从照相到摄影的过程，也是一个从必然王国走向自由王国的历程，也是一个不断追求风格的过程。按照这个路子走，摄影才有意思，摄影才有动力，摄影才有目标。

改变通道明暗就是调整颜色 19

既然色彩是储存在通道中的，那么改变通道的影调明暗，就能够改变颜色，这是前面的实例练习已经证明过的。在RGB色彩模式下，通道亮颜色增；通道暗颜色减。在这个实例中，就是使用两种方法，通过调整通道的明暗来达到调整图像颜色的目的。

准备图像

打开随书“学习资源”中的19.jpg文件，这是一张在古长城敌楼里拍摄的照片，外面暖调的阳光投射进来照亮了敌楼里的局部，由此形成亮调偏暖，暗调偏冷的大关系。后期就是想进一步强调这样的冷暖对比关系。

调整RGB 3个通道

直接调整通道。

打开“通道”面板，单击红色通道，进入红色通道。

按Ctrl+M组合键直接打开“曲线”对话框。单击通道下拉列表，选择红色通道选项。在对话框左下角选择直接调整工具。将光标放到图像中亮调位置，按住鼠标向上移动，看到曲线上相对位置产生一个控制点，这个点随着光标向上抬起曲线，在通道面板最上面RGB复合通道缩览图中可以看到图像中红色大大增加。

将光标放在图像中较暗的地方，按住鼠标向下稍稍移动一点，可以看到曲线上又产生一个相应的控制点，这个点也随光标向下压曲线。现在红色通道的曲线呈S形。单击“确定”按钮退出。

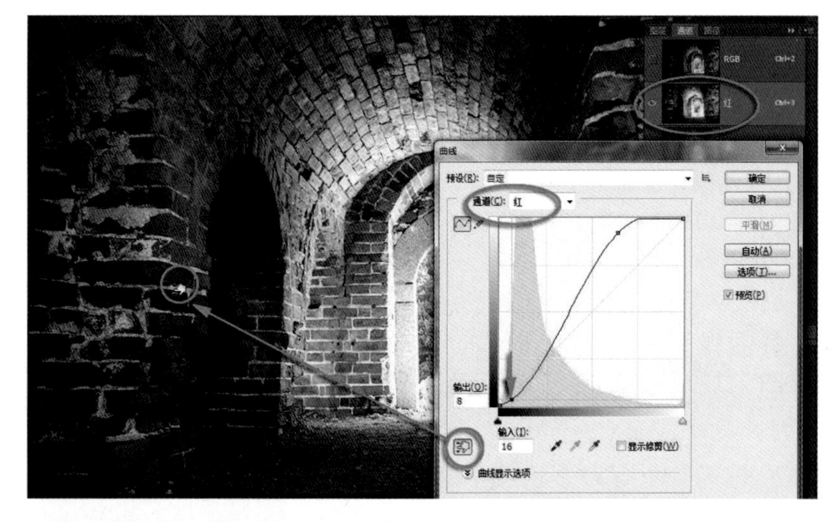

在通道面板最上面单击RGB复合通道，看到彩色图像了。

可以发现，经过刚才的曲线调整红色通道明暗，图像中亮调部分红色大增，而暗调部分红色略减。

下一步要适当增加暗调的蓝色，降低亮调中的蓝色成分。

在通道面板上单击蓝色通道，进入蓝色通道中。

再次按Ctrl+M组合键直接打开“曲线”对话框。单击通道下拉列表，选择蓝色通道选项。在对话框左下角选择直接调整工具。将光标放到图像中暗调位置，按住光标稍向上移动，看到曲线上相对位置产生一个控制点，这个点随着光标向上抬起曲线，在通道面板最上面RGB复合通道缩览图中可以看到图像中蓝色增加了。

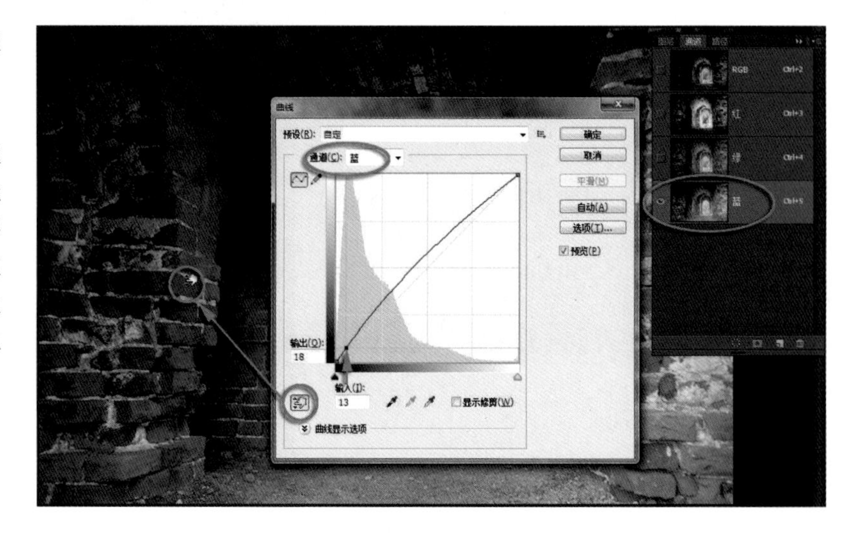

将光标放在图像中刚才放置的亮点位置，按住鼠标稍向下压一点。可以看到曲线上又产生一个相应的控制点，这个点也随光标向下压曲线。现在红色通道的曲线呈反S形。单击“确定”按钮退出。

在通道面板最上面单击RGB复合通道，看到彩色图像了。

可以发现，经过刚才的曲线调整蓝色通道明暗，图像中暗调部分蓝色增加，而亮调部分红色略减。这样做使亮调的色彩中减少了蓝色成分。

下一步要适当调整绿色通道，以整体调控色彩，希望使暗调增加青色，亮调保持暖红色。

在通道面板上单击绿色通道，进入绿色通道中。

再次按Ctrl+M组合键直接打开曲线对话框。单击通道下拉列表，选择绿色通道选项。在对话框左下角选择直接调整工具。将光标放到图像中暗调位置，按住鼠标稍向上移动，看到曲线上相对位置产生一个控制点，这个点随着光标向上抬起曲线。

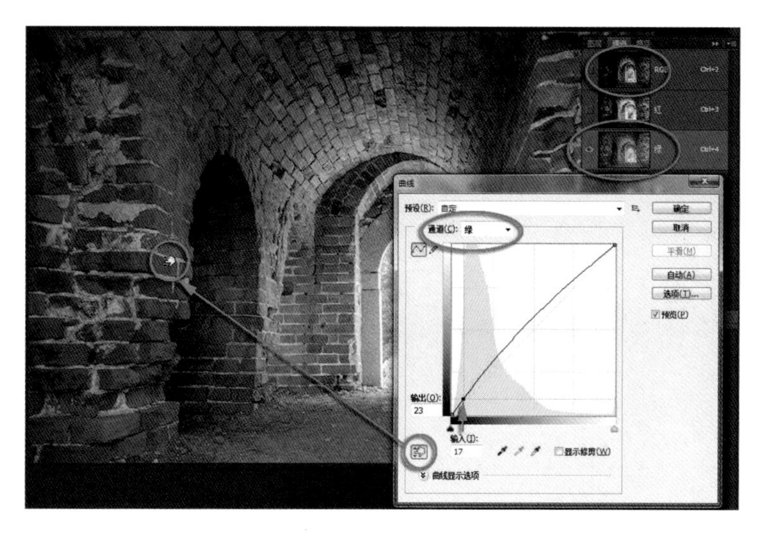

将光标放在图像中刚才放置的亮点位置，按住鼠标稍向下压一点。可以看到曲线上又产生一个相应的控制点，这个点也随光标向下压曲线。单击“确定”按钮退出。

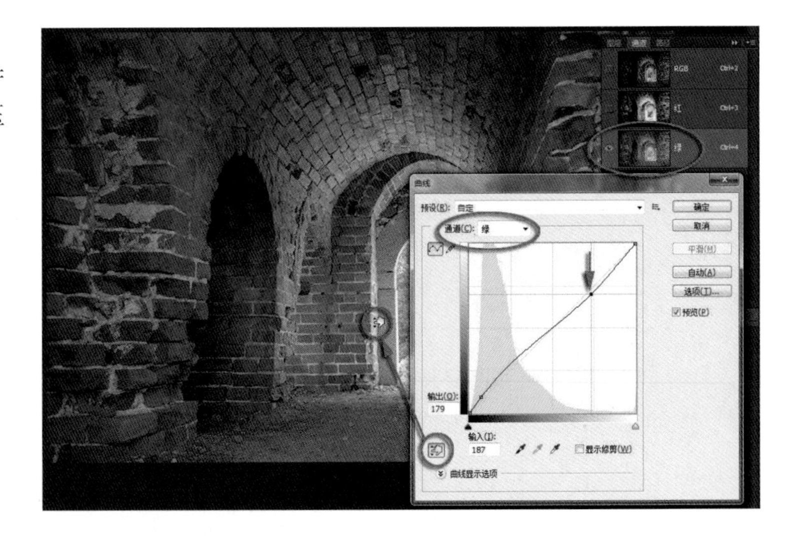

在通道面板最上面单击RGB复合通道，看到彩色图像了。

可以发现，经过刚才的曲线调整绿色通道明暗，图像中暗调部分绿色增加，这样做使暗调的色彩偏青色。暖红色亮调保持不变。

观察整体图像，感觉影调反差弱。按Ctrl+M组合键再次打开“曲线”对话框，整体调整图像反差。保持RGB复合通道不变，用直接调整工具在图像的暗点按住鼠标稍向下压。

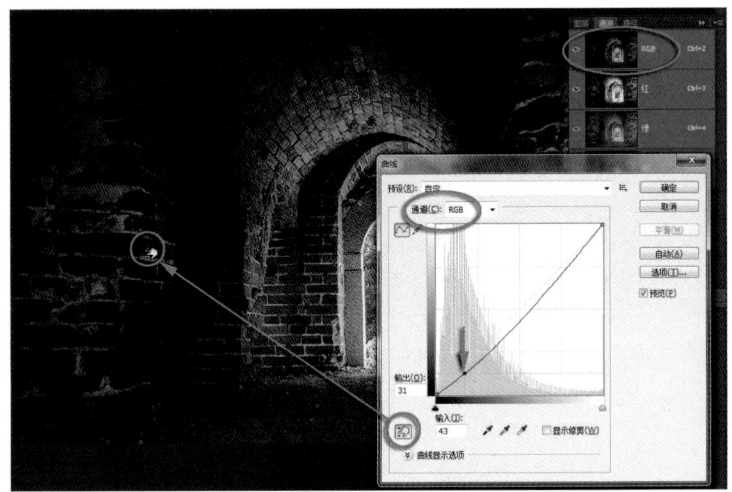

在图像的亮调位置按住鼠标稍向上抬起，看到曲线有了相应的变化，图像中的反差加大了，现在整个图像影调色调都舒服了。

这就是我们想要的色彩效果。但是通过直接分别调整通道，并不方便，对于调整的效果，在关闭曲线对话框后才能看到，如果不满意调整效果，还得后退重来。

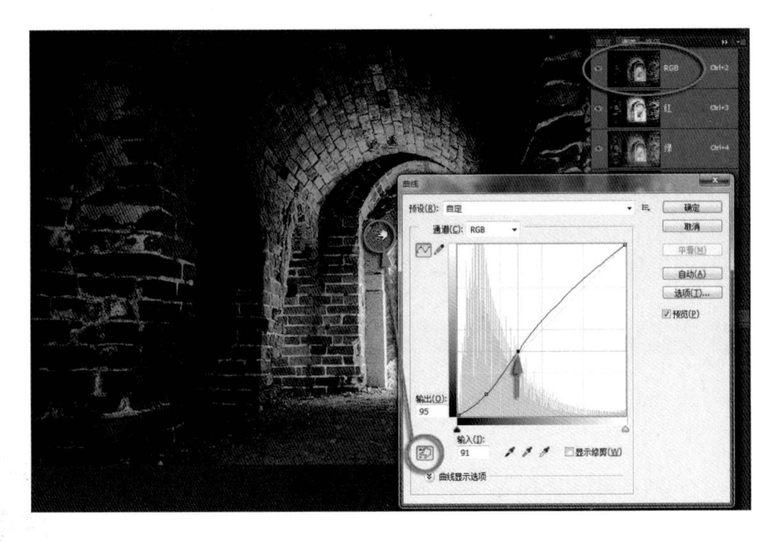

从调整层控制通道色彩

按F12键，图像恢复到初始状态。

我们仍按照这个道理，但是换一种方法重新做这个练习。

回到图层面板。在图层面板最下面单击创建调整层图标，在弹出的菜单中选择“曲线”命令，建立一个新的曲线调整层。

在弹出的“曲线”面板中，打开通道下拉列表，在弹出的菜单中选择红色通道。

尽管这个面板中没有标明“通道”字样，但这个面板与前面练习中使用的曲线面板是一样的。

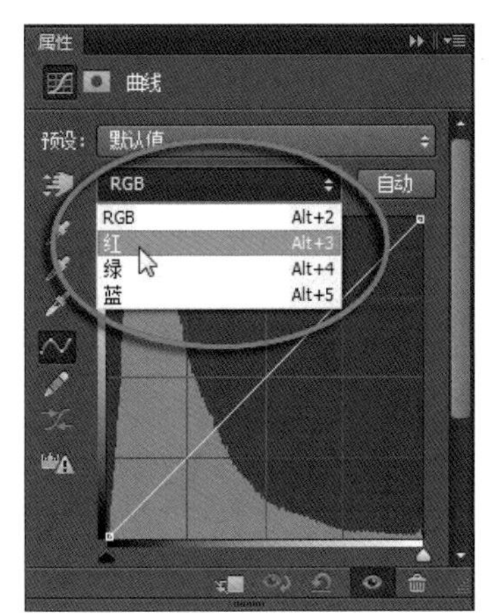

同样是选择直接调整工具。

同样是像前面练习做的一样，在图像中的亮点和暗调各选择一个点，亮点大幅度向上抬起，暗点向下压住，效果跟刚才直接调整红色通道一样。

然后再来做蓝色通道。

像刚才一样，在通道下拉列表中选择蓝色通道。然后用直接调整工具在图像中的亮点和暗调各选择一个点，暗点稍向上，亮调稍向下。

然后再来做绿色通道。

像刚才一样，在通道下拉列表中选择绿色通道。然后用直接调整工具在图像中的亮点和暗调仍选择刚才的点，暗点稍向上，亮调稍向下。

最后还是做RGB复合通道的影调调整。

在通道下拉列表中选择RGB选项，仍然以图像中的暗调和亮调点为依据，暗点稍向下，亮点稍向上，看到图像的色彩和影调都与前面方法所做的一样了。

最终效果

用一个道理经过两种方法得到同样的调整效果。

我们在图像中强调了亮调的暖红色，这是由大幅度提高红色通道亮调部分曲线，并且适当降低蓝色和绿色通道的亮调曲线来达到的。图像中暗调的青色是在蓝色和绿色通道中适当提高暗调部分曲线得到的。

这个练习证明了，调整通道的明暗就是调整颜色。

通过这样的处理，图像中明暗之间的冷暖对比更加强烈，强化了历史与现代的对比与冲突。

用通道让天空变蓝 20

在风光摄影中，我们都希望看到蓝色的天空，但是往往遇到的是灰白暗淡的天空。要想让灰白色的天空变成蓝色，使用提高色彩饱和度替换颜色是无效的。这时，按照RGB色彩原理，改变通道的明暗关系，完全可以实现让原本灰白的天空变成蓝色。

准备图像

打开随书“学习资源”中的20.jpg文件，雪后的故宫，天色依然阴沉暗淡，呈现压抑的灰白色。

想让片子感觉精神一些，希望天空晴朗一些，要将天空处理得蓝色一些。

调整色阶直方图

首先调整片子的整体影调。

在图层面板最下面单击创建新的调整层图标，在弹出的菜单中选择“色阶”命令，建立一个色阶调整层。

在弹出的“色阶”面板中，按照直方图的形状，将左右黑白场两个滑标适当向内侧移动一点，放在直方图的左右两个起点位置。

片子的整体影调正常了。

从通道调用选区

首先要将天空的选区做出来，可以有多种方法，这里采用的是通道法，尽管操作难一些，但这是诸多建立选区中最精准的。

因为天空是灰白色的，因此在这里RGB 3个通道是一样的，用哪个通道都可以。

将绿色通道用光标拖到通道面板最下面复制新通道图标上，看到通道中产生了一个新复制的绿色副本通道。

指定绿色副本通道为当前通道，按Ctrl+M组合键直接打开“曲线”对话框。

在对话框下面单击选中黑色吸管用来设置图像中的黑点。用鼠标在图像中建筑物的灰色地方单击鼠标，图像中比这个点暗的地方都变为黑色。

在对话框下面单击选择白色吸管，用来设置图像中的白点。用鼠标在图像中天空较暗的地方单击鼠标，图像中比这个点亮的地方都变为白色。

单击“确定”按钮退出。

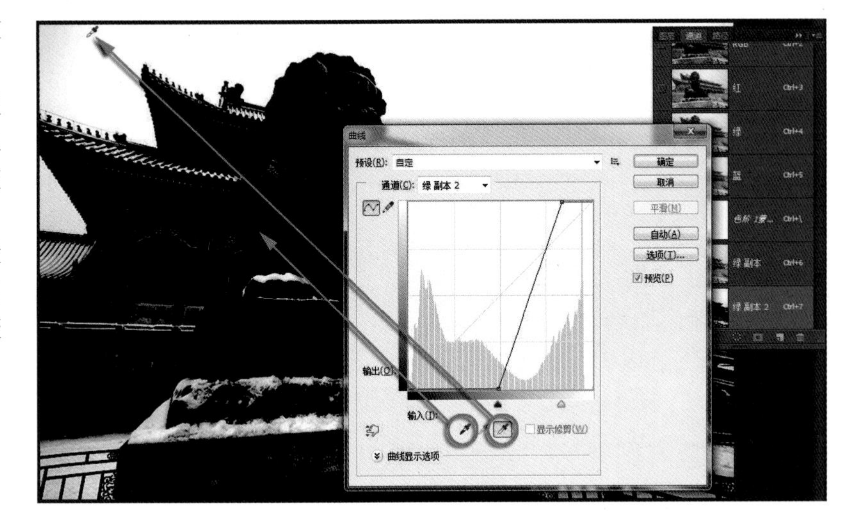

在通道面板最下面单击将通道作为选区载入图标，看到当前通道的亮调部分已经作为选区载入，有蚂蚁线了。

在通道面板最上面单击RGB复合通道，回到RGB复合状态，看到彩色图像了。

用调整层处理通道色彩

回到“图层”面板，蚂蚁线还在。

在图层面板最下面单击创建新的调整层图标，在弹出的菜单中选择“曲线”命令，建立一个新的曲线调整层。

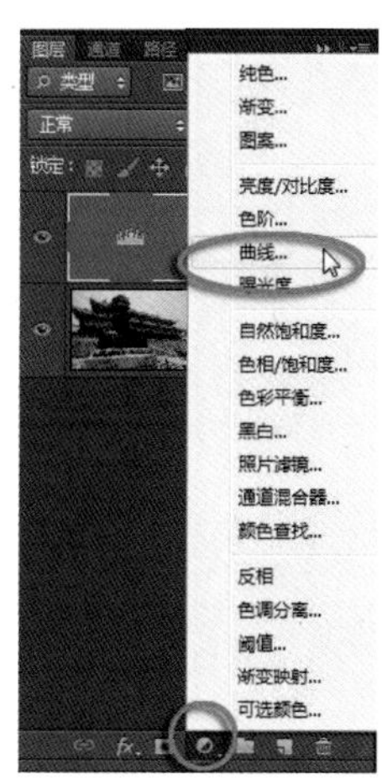

在弹出的“曲线”面板上，用鼠标按在曲线上向下压，让曲线的走势与直方图大体相当。曲线与直方图的黑点、白点大体一致。

打开通道下拉列表，选择蓝色通道。

选择面板上的直接调整工具。

在图像中的蓝天位置按住鼠标向上移动，看到曲线上产生一个相应的控制点同时向上移动，图像中蓝色大大增强了。

在蓝天中仅仅增加蓝色是不够的，还要减少红色。

在面板中打开通道下拉列表，选择红色通道。

在蓝天中刚才的位置按住鼠标向下移动，看到曲线上产生一个相应的控制点同时向下压，图像中红色被减少了。

再根据情况和需要，适当调整绿色。

在面板中打开通道下拉列表，选择绿色通道。

在蓝天中刚才的位置按住鼠标尝试向上或者向下移动，看到曲线上产生一个相应的控制点同时向上或者向下移动。向上移动则在蓝色中增加绿色，使天空颜色偏青；向下移动则在蓝色中减少绿色，使天空颜色偏品红。这要根据自己的需要做设置。

在面板中打开通道下拉列表，选择RGB通道。

现在看到RGB（红绿蓝）3个曲线和三色复合曲线的分布状况。

这个调整层是用来处理天空的，其他的不必理会。如果对于天空的影调和颜色不满意，可以继续做调整。

单击图层面板图标，关闭曲线调整面板。

在图层面板上单击蒙版图标，进入蒙版操作状态。

这个调整层是专门处理天空的，要把其他地方涂抹掉。

在工具箱中选择画笔工具，前景色为黑色。上面选项栏中设置合适的笔刷直径和硬度参数。用黑色画笔将建筑物没有被蒙版遮挡的地方认真涂抹出来，确保当前层只影响天空。

调整图像色彩

最后来整体调整图像色彩。

在图层面板最下面单击创建新的调整层图标，在弹出的菜单中选择“色相/饱和度”命令，建立一个新的色相/饱和度调整层。

在弹出的“色相/饱和度”面板中，先将全图的色彩饱和度适当提高一点。

感觉刚才通道调整的天空颜色过于鲜艳了。

在“色相/饱和度”面板上打开颜色下拉列表，选择“青色”。将色彩饱和度滑标和明度滑标都适当向左移动。适当降低天空颜色的饱和度和明度，得到更符合实际的天空颜色。

古建筑的色彩应该适当强调。

在“色相/饱和度”面板上打开颜色下拉列表，先选择“红色”。将色彩饱和度滑标适当向右移动，提高红色的饱和度。

在“色相/饱和度”面板上打开颜色下拉列表，先选择黄色。将色彩饱和度滑标适当向右移动，提高黄色的饱和度。

红色和黄色的饱和度提高后，皇家宫殿显得更加辉煌华丽。

最终效果

调整后的天空有了蓝色，映衬着色彩艳丽的皇宫，图片看起来精神多了。

黑白灰是明度关系，不是色彩关系。因此对于黑白灰不能用简单的“色相/饱和度”命令做处理。

在RGB色彩模式中，黑白灰就是红绿蓝三色等值。要想让黑白灰改变颜色，就是分别改变RGB的比例关系，也就是改变RGB通道的明暗。

用调整通道明暗来替换黑白灰颜色，是最科学、最精确、最方便的做法。

用Lab调整颜色 21

我们用数码相机拍摄的照片文档都是RGB模式的，而Photoshop软件本身是基于Lab模式的。这是一个被大多数摄影人忽略的色彩模式，目前我们只知道它的色域更宽。确实，我们绝大多数照片用RGB模式来处理已经能够满足需要了。而对于某些特殊的照片，用Lab模式处理的效果要明显好于RGB模式。当然，要掌握Lab模式，我们还得付出更多的精力和心血。

准备图像

打开随书“学习资源”中的21.jpg文件，这是在山林中冒着蒙蒙细雨拍摄的照片。

拍摄的时候，就是看到烟雨朦胧的场景，那些山坡上的树干如同中国画的笔墨效果，很有画意。但是当时的天气太阴沉了，画面的影调感觉不错，而色调过于沉闷了。

常规RGB模式

一般来说，我们都会使用“色相/饱和度”命令来处理颜色。可以提高全图的饱和度参数，还可以分别打开颜色通道，选择红色、黄色来提高饱和度，改善地面景物的色彩效果。我们感觉树林的空间稍有点蓝青色会更显清新，但是选中青色和蓝色通道，却发现提高色彩饱和度操作无效，因为这些地方基本是RGB等值的灰色。

想让灰色的树林空间偏蓝青色，只好选择“色彩平衡”命令来处理。在“色彩平衡”面板中，分别打开中间调和高光，在其中提高青色和蓝色的参数值。

现在看树林中蓝青色的效果有了，RGB也就大致处理成这样了。但是总感觉好像是在镜头前放了一张蓝青色的玻璃纸。实际上这是强制图像偏色。

转换Lab模式

现在转换Lab色彩模式来处理。

选择“图像\复制”命令，在弹出的面板中直接单击“确定”按钮退出，当前的副本文件暂且放下留作最后做对比用。

回到原文件，按F12键，图像恢复初始状态。

选择“图像\模式\Lab颜色”命令，将当前图像转换为Lab色彩模式。

在图层面板最下面单击创建新调整层图标，在弹出的菜单中选择“曲线”命令，建立一个新的曲线调整层。

在Lab模式中，一共有3个通道，明度通道只负责图像的灰度影调。a通道管品红色和绿色，通道中亮调部分为品红色，暗调部分为绿色。b通道管黄色和蓝色，亮调部分为黄色，暗调部分为蓝色。

在弹出的曲线面板中，打开通道下拉列表，选择b通道。这时在曲线上什么位置建立控制点已经没有意义了。曲线向上就是增加黄色，向下就是增加蓝色。在直方图的右边缘单击鼠标建立一个控制点，将这个点稍向上移动，看到图像中黄色大大增加了。

在直方图的左侧边缘再次单击鼠标，建立第二个控制点，将这个点向下压，看到图像中又大大增加了蓝色。

现在看到树林的蓝青色空间效果和植物的黄绿色都不错。

要增加多少黄色和蓝色，可以通过移动两个控制点的上下位置来调节。但是用鼠标很难移动得非常精细。

首先单击其中一个控制点，激活它。然后在曲线的下面单击“输出”参数框，激活输出参数后，前后拨动鼠标滑轮，可以看到输出参数增减，以及曲线控制点上下移动的精细变化。

再来打开通道下拉列表，选择a通道。

在直方图的两边分别单击鼠标，建立两个新的控制点。将这两个控制点分别向上、下适当移动，增加品红色和绿色。增加绿色是为了使树林的蓝色稍偏青色，植物的颜色也更显新鲜。

色彩大体调好了，再来调影调。

打开通道下拉列表，选择明度通道。这时选择面板上的直接调整工具。在图像中按住需要调整的位置，适当上下移动鼠标，看到曲线上产生相对应的控制点，也上下移动。用多个控制点精细调整图像的影调，直至满意。

精细强化颜色效果

还想对颜色效果做进一步细化。

在图层面板最下面单击创建新的调整层图标，在弹出的菜单中选择“色相/饱和度”命令，建立一个新的色相/饱和度调整层。

在弹出的“色相/饱和度”面板中先调整全图的参数，将饱和度滑标向右移动，适当提高全图的色彩饱和度。

再来分别调整所需的颜色。

打开颜色下拉列表选择“红色”，感觉现在地面的植物中红色过于鲜艳扎眼，不符合实际情况。于是将饱和度滑标向左移动，适当降低红色的饱和度，可以看到红色不再扎眼了。

感觉植物中的绿色也太扎眼，于是打开颜色下拉列表选择“绿色”，把绿色的饱和度大幅度降低。

实际上改变绿色要调节的是黄色的参数值，这里改变绿色只为了稍稍减少绿色的鲜艳程度。

还要精细调整树林中的蓝青色。

打开颜色下拉列表，选择“青色”，将饱和度滑标向右移动，适当提高青色的饱和度。

再打开颜色下拉列表，选择“蓝色”。将饱和度滑标向右移动，适当提高蓝色的饱和度。

现在树林中的蓝青色调整得满意了，感觉树林中的空气清新而沁人心脾。

至此，调整处理工作全部完成了。如果以后还要继续对这个图像文件做编辑，可以直接存储一个PSD文件。而在存储用于输出的文件之前，不要忘了将现在的Lab模式转回RGB模式，因为数码照片输出通用的是RGB模式，JPG文件也不支持Lab模式。

选择“图像\模式\RGB颜色”命令，图像转换回RGB模式。

最终效果

需要提醒大家的是，使用Lab模式需要对这个色彩模式有详细的了解，并非所有的图像都要转换为Lab模式来做。对于图像中有大面积的灰色需要处理的照片，或者是图像中有需要精细处理的丰富红黄蓝绿颜色的图像，更适合使用Lab模式来处理。也就是说，那些影调正常但色调偏灰的片子最适合使用Lab模式来处理。毕竟Lab模式是色彩与影调分开，处理色彩不影响影调，这是RGB无法做到的。而且Lab的4色比RGB的3色更细腻。

把现在用Lab模式处理的图像与刚才处理的副本RGB图像仔细对比一下，尤其是近景树干上，颜色丰富程度的差异，就可以看出Lab模式的色彩优势了。

模拟古典风格肖像画摄影

绘画与摄影有很多相通的地方，模拟绘画来实现摄影创作，也是一个创作的思路和方式。

澳大利亚摄影师比尔•吉卡司很擅长肖像摄影，尤其是那种向大师的经典作品致敬的肖像摄影。受著名肖像画的启发，吉卡司让自己5岁的女儿当模特，再现了18世纪中期的很多名作。

他把女儿及周围环境改变成古典的时代风格，并利用闪光灯来维持自然光的柔和。这位自学成才的摄影师还利用后期处理来为每张照片做最后的润色。

吉卡司说：“不要害怕从不同作品中吸收特定的元素，并将之塑造成自己的作品。你可能喜欢从某处看到的一幅照片的光线，喜欢另一幅照片中使用的道具、色彩等。秘诀在于不要找借口束缚自己。”

我觉得这是一个挺有意思的创作思路。当然前提是摄影者要了解熟悉古典画作的风格特色。

不要以为摄影与绘画只是使用的工具不同，其实二者反映的对象、运用的手法、协调的元素都是不同的。绘画是加法，摄影是减法，二者的思维方式也是不同的。而作为平面造型艺术，摄影与绘画确实有很多相通的地方，都是在平面上展示立体空间，都是注重影调和色调的表现，都讲究构图。那么，我们在摄影中就更要注意学习相关的绘画知识，运用相关的绘画元素，扬长避短发挥摄影的优势。所以，通常来讲，有绘画基础的摄影人进步会大一些，模拟绘画来学习摄影见效要快一些。

红外摄影转换色彩的新方法 22

你玩红外摄影吗？如果你不拍红外照片，则这个实例可以跳过去不看。如果你玩红外摄影，那么这个实例你一定、必须、千万要看、要做、要掌握。

红外摄影是当今最新流行的一种摄影方式，玩红外摄影的朋友都知道，红外照片都要在后期处理中做色彩转换，迄今为止所有的做法都是对红蓝通道做对调转换。但是，从今天你看过这个实例之后，以后再也不用做红蓝通道转换了。我们用Lab模式来做，对色彩的控制更精准、更自由、更主动。

准备图像

打开随书“学习资源”中的22.jpg文件，这是一张红外相机拍摄的红外数码照片。

拍过红外的朋友对这样的画面应该很熟悉的，后期处理色彩通常是做红蓝通道对调，在Photoshop中用“图像\调整\通道混合器”命令来处理。

转换Lab模式

现在我们用Lab模式来处理。

选择“图像\模式\Lab颜色”命令，将图像从原来的RGB模式转换为Lab色彩模式。

在Lab模式中，L通道是专管影调的，a通道是管绿色和品红色的，b通道是管蓝色和黄色的。

在图层面板最下面单击创建新的调整层图标，在弹出的菜单中选择“色阶”命令，建立一个新的色阶调整层。

在弹出的“色阶”面板中，将黑白场滑标分别移动放置到直方图的左右两端，适当移动中间灰滑标，让图像的影调看起来舒服了。

转换颜色

现在来转换颜色。

在图层面板最下面单击创建新的调整层图标，在弹出的菜单中选择“色相/饱和度”命令，建立一个新的色相/饱和度调整层。

在弹出的“色相/饱和度”面板中，将色相滑标移动到最右端+180的位置，看到红外原本的颜色转换了。

转换后的颜色与过去传统的转换红蓝通道的效果相近，感觉色彩饱和度不够。将饱和度滑标适当向右移动，看到基本效果出来了。

如果感觉转换后的颜色中，黄色的色相偏红，可以将色相滑标移动到左侧适当位置，再根据需要适当移动饱和度滑标，可以看到图像中原本的蓝青色转换成为黄色了。

主动控制颜色效果

现在感觉转换的颜色效果还不能满意，过去在RGB模式中用红蓝通道转换来处理，很难进一步控制颜色，现在我们用Lab来继续调整颜色。

在图层面板最下面单击创建新的调整层图标，在弹出的菜单中选择“曲线”命令，建立一个新的曲线调整层。

在弹出的曲线面板中，先打开通道下拉列表，选择b通道。在这个b通道中，亮调为黄色，暗调为蓝色，曲线向上为增加黄色，向下为增加蓝色。用鼠标将曲线沿着直方图右边缘向上抬起曲线，看到图像中黄色大大增加，不仅植物的叶子黄色饱和度大幅度提高，而且连蓝色的水也因为增加了黄色而变成了绿色。

在曲线上直方图的左侧再单击鼠标建立第二个控制点。将这个控制点沿着直方图左边缘向下移动，看到图像中的蓝色大大增加，水面和天空的蓝色很漂亮。

如果对现在转换的颜色效果还不满意，可以继续做调整。

打开颜色通道下拉列表，选择a通道。在a通道中亮调为品红色，暗调为绿色。先在直方图右边缘曲线上单击鼠标建立一个控制点，将这个点稍向上移动，看到图像中增加了品红色，所以植物的黄色呈红色了。

还是想保持一般红外照片的色彩转换效果。在直方图的左右两侧分别建立两个控制点，移动这两个控制点的位置，适当增减品红色和绿色，直到对图像中主要的黄色和蓝色效果满意为止。

最后来调整图像的影调。

打开颜色通道下拉列表，选择“明度”通道。这里可以在曲线上建立一个或多个控制点，仔细调整图像的影调，让图像的层次达到完全满意。

到现在，图像色彩转换完成了，准备存储输出图像。选择“图层\拼合图像”命令，将所有图层拼合成为单一的背景层。

选择“文件\存储为”命令将当前文件另存，在弹出的“存储为”对话框中打开格式下拉列表，却找不到我们通常所需要的JPG格式。先单击“取消”按钮退出存储。

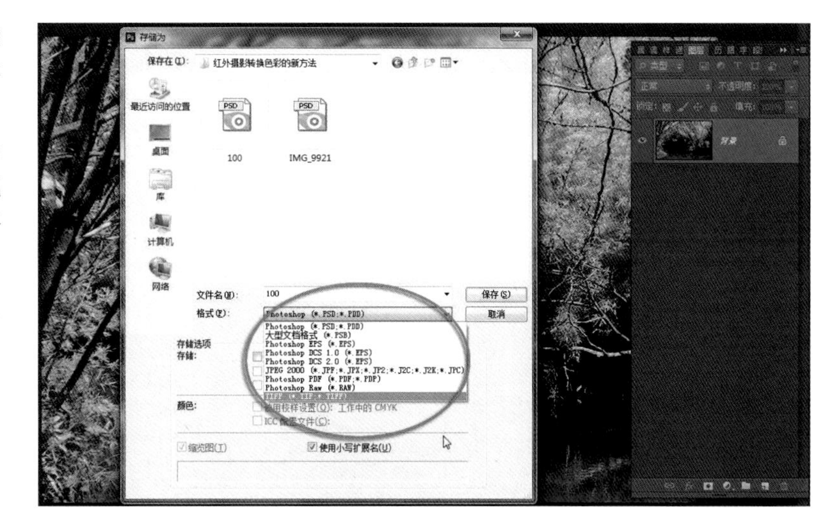

没有JPG格式可选，原因是Lab模式不支持JPG格式。

选择“图像\模式\RGB颜色”命令，将当前图像的色彩模式重新转回RGB色彩模式。

然后再次选择“文件\存储为”命令，将文件另存为JPG格式文件，可以用于数码照片的输出了。

最终效果

对红外照片颜色转换，过去传统的方法是对红蓝通道转换。

现在我们使用Lab模式，从色相\饱和度中先做颜色转换，然后在a和b两个颜色通道中对转换的颜色做精确调整，使用Lab模式转换红外照片颜色，可以对各种不同白平衡设置的红外照片做效果相同的色彩转换，而且可以非常主动方便地控制转换的颜色效果，这是过去转换红蓝通道做法达不到的。如果继续在Lab模式中调整红外照片，还可以产生更丰富的色彩效果，这将彻底改变原来传统转换的简单颜色效果，使红外照片更具有丰富的表现力。

从今天开始，丢弃红蓝通道转换颜色的旧方法，使用Lab模式来转换红外照片的颜色，这就是新观念、新技术，你会由此重新认识红外摄影的。

第5部分 色彩转换与黑白

非控制彩色转换黑白的三种方法 23

将彩色图像转换为灰度图像，也就是将彩色照片转换为我们常说的黑白照片，这是数码照片后期处理中一种很有艺术味道的方法。

在Photoshop中有多个命令可以将彩色转换为灰度，每一个命令其内部运算方法和最终效果都是不同的。也就是说，某一种颜色用不同命令转换成灰度后，其明暗度是不一样的。这个实例就以3种方式做彩色转换灰度，观察它们之间的差异。

准备图像

打开随书“学习资源”中的23.jpg和24.jpg两个文件。

第一张图是一张色轮图，读者自己也应该会制作的。第二张图是一幅色彩鲜艳的普通照片。我们要通过3个命令将彩色图像转换为灰度，观察它们在转换中的不同效果。

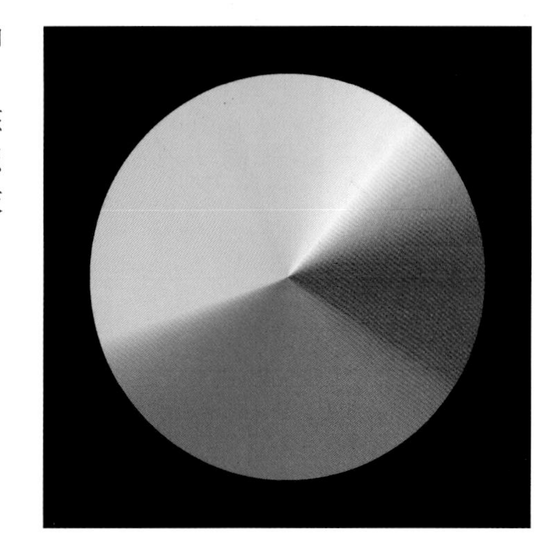

设置取样点

为了观察彩色转换灰度时具体的参数变化，需要设置颜色取样点。

在工具箱中按住吸管工具，在弹出的工具菜单中选择颜色取样器工具。

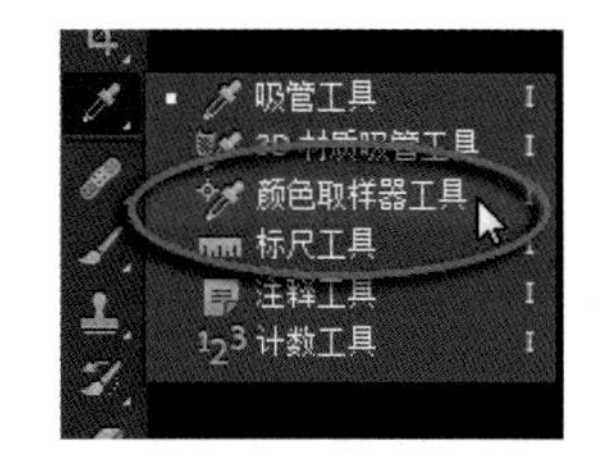

首先选择色轮图做当前文件。

按F8键打开“信息”面板。在右上角单击菜单图标，在弹出的菜单中选择“面板选项”命令。在弹出的“信息面板选项”对话框中，打开“第二颜色信息”下拉列表，选择“灰度”选项，单击“确定”按钮关闭当前对话框。

现在信息面板上第一颜色信息为RGB参数，第二颜色信息为灰度信息。

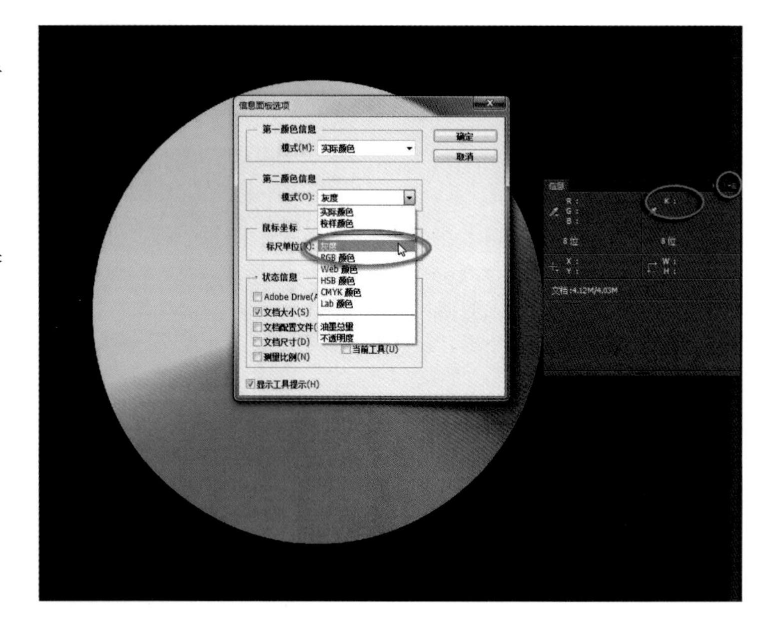

用颜色取样吸管分别在色轮中选择几个取样点。这里我们选择了红色（R254、G0、B0）、青色（R0、G255、B255）、蓝色（R1、G1、B255）、绿色（R0、G255、B1），将光标放在品红色位置上可以看到参数是R255、G0、B255。

同时还可以发现，对应这些颜色取样点的灰度值是各不相同的。

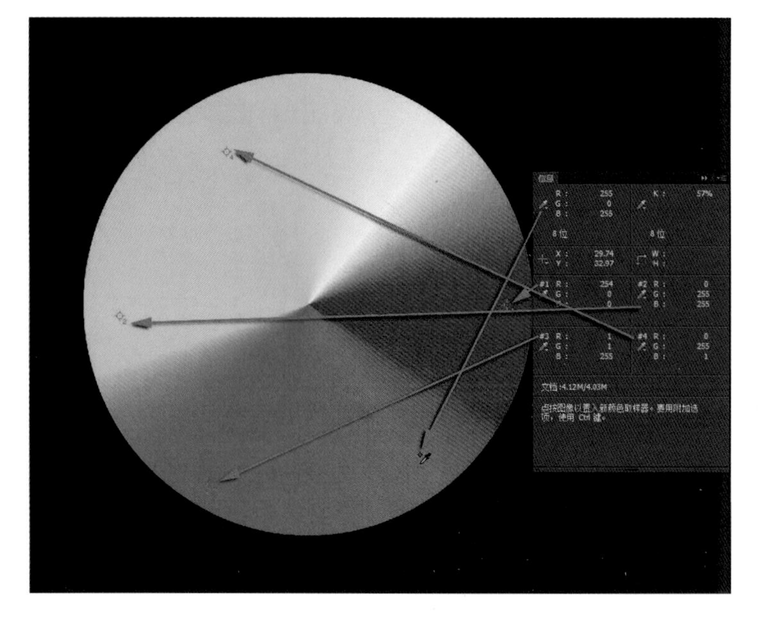

色相/饱和度转换灰度

选择“图像\调整\色相/饱和度”命令，打开“色相/饱和度”对话框。

将饱和度参数滑标移动到最左端-100，可以看到颜色都变成了灰色，色轮成了单灰色的圆盘。观察信息面板，发现所有颜色都转换成了标准的中性灰，RGB值均为127。

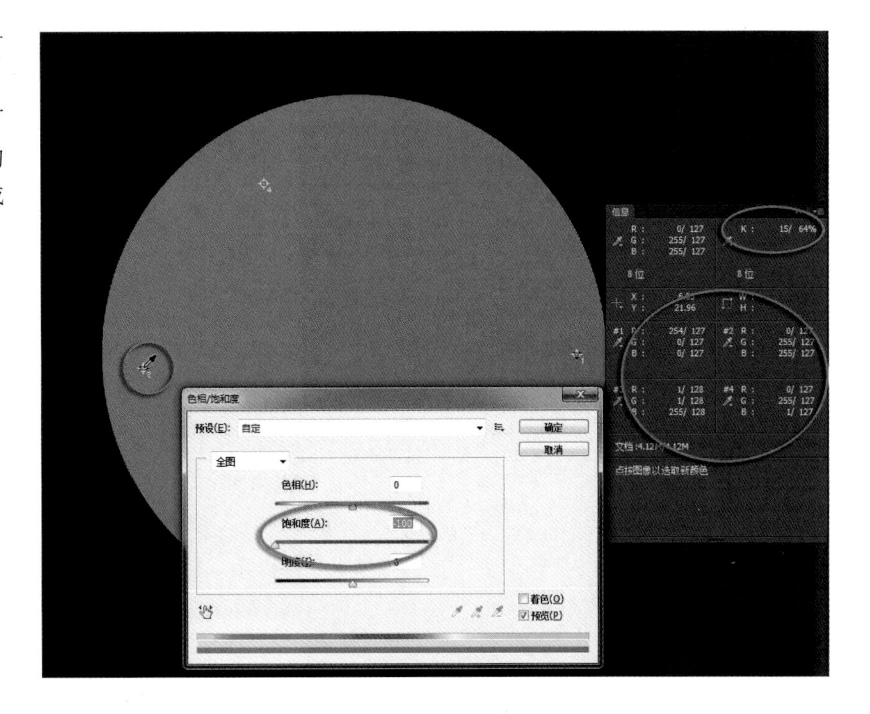

将饱和度滑标复原放回0点。将明度滑标左右移动，可以看到当色彩明度发生变化时，各个取样点的RGB值为等量加减。明度为负值时，原色值下降。明度为正值时，颜色值不动，而其补色值上升。也就是说，色彩的明度影响RGB的纯色值。

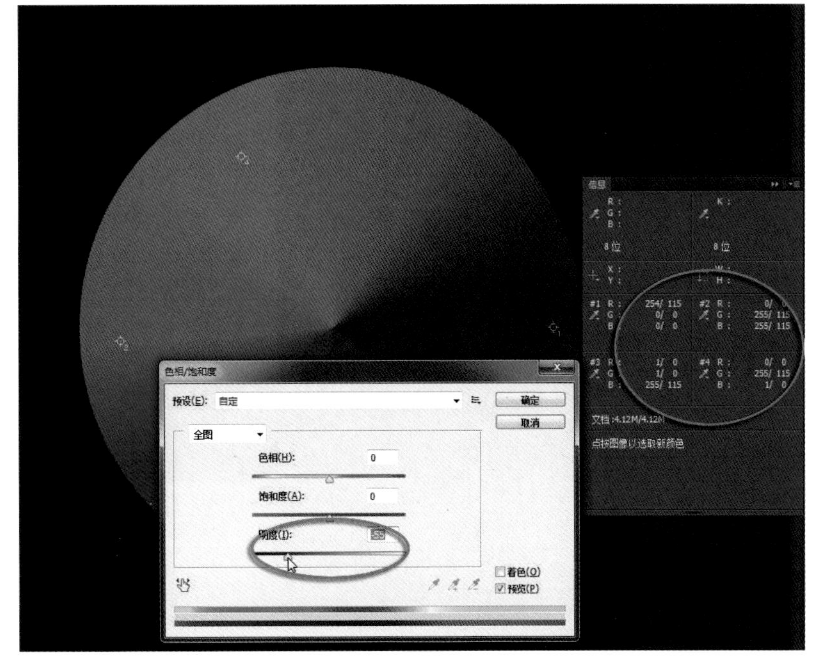

这时明度值滑标为任意位置，再次将饱和度滑标移动到最低值-100。可以看到色轮盘又成了单色的灰色，所有取样点的RGB值又成了标准的中性灰值，但RGB不是正中间的127。这时没有了色彩，只有明暗变化。那就是说，不同亮度的颜色在转换灰度时，其灰度参数值是不同的。

单击“取消”按钮退出。

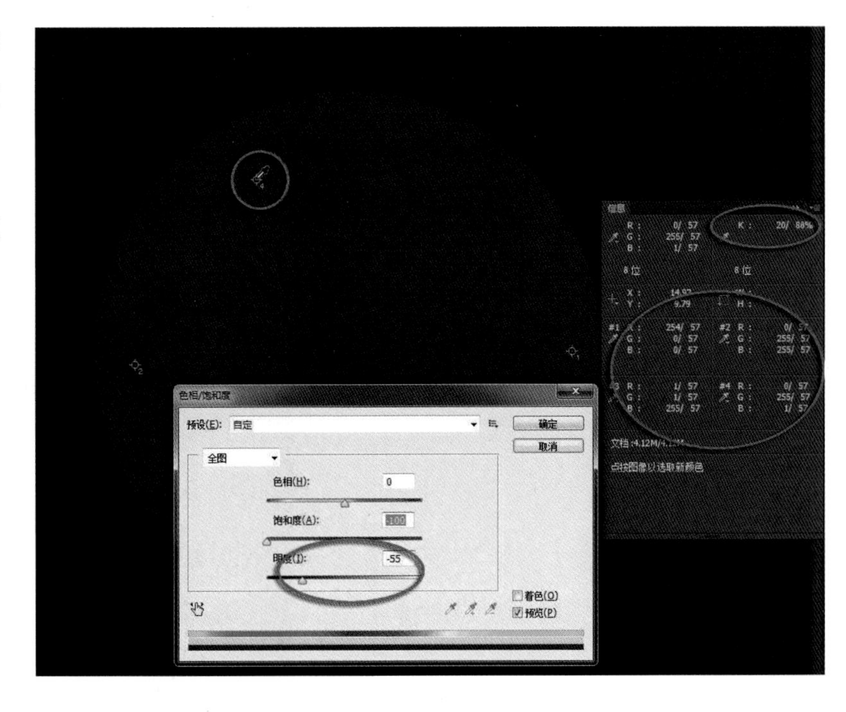

选择花园图像为当前图像。

选择“图像\调整\色相/饱和度”命令，打开“色相/饱和度”对话框，将饱和度参数滑标移动到最左端-100，图像变成了灰度，也就是我们常说的黑白照片效果。但是图像并没有像前面色轮中所做的那样变成一片同样的灰色，这是因为原图像中的色彩不是纯色，而是明度不同的彩色。

打开对话框的颜色通道下拉列表，选择“红色”。将饱和度滑标移动到右侧顶端，即红色的饱和度提高。可以看到灰度图像没有变化，对话框下面的色彩转换对比条上，也没有发现变化。这就是说，在色相/饱和度转换灰度时，增减颜色的饱和度对于转换灰度没有影响。

再将明度滑标来回移动。可以看到明度提高，图像中红色部分就变亮。明度降低，图像中的红色部分就变暗。从对话框下面的颜色转换对比条上可以清楚地看到明度参数变化后，灰度明暗变化的情况。这就是说，在色相/饱和度转换灰度时，明度是转换灰度的关键因素。

单击“取消”按钮退出“色相/饱和度”，图像恢复初始状态。

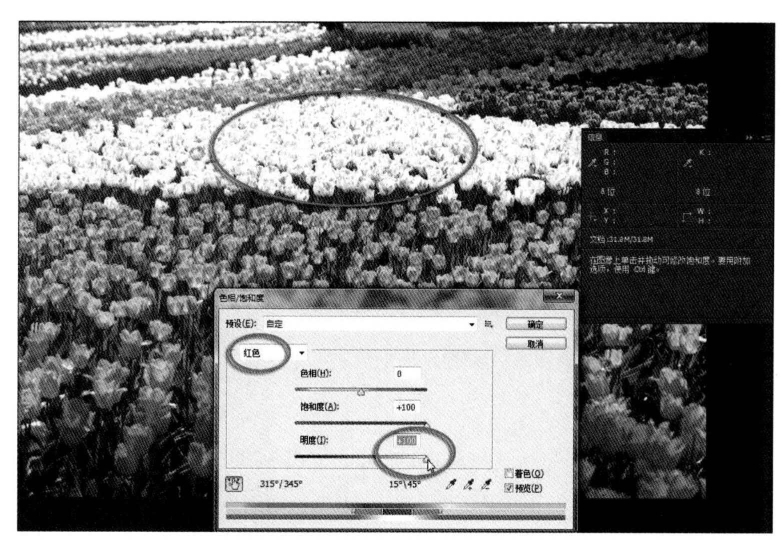

灰度模式转换灰度

图像已经恢复彩色。

选择“图像\模式\灰度”命令，将图像直接转换为灰度图像。

这是最简单的彩色图像转换成灰度图像的操作命令。

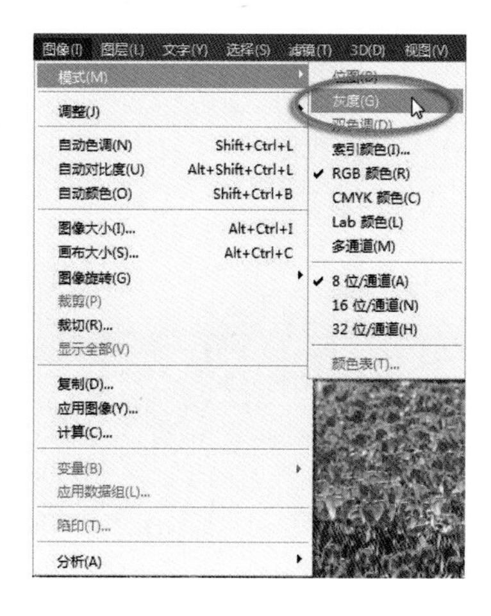

看到信息提示框询问“是否要扔掉颜色信息？”，只能选择“扔掉”。这样转换为灰度黑白照片后，就不能再恢复为彩色图像了。

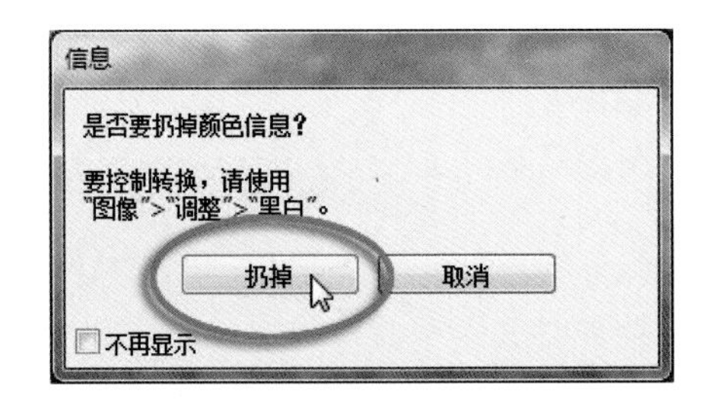

看到图像被转换为灰度图像。打开“信息”面板，用光标在图像中任意移动，可以看到只有一个单一的灰度参数，没有RGB参数。打开通道面板可以看到，只有一个灰度通道。这样的灰度图像存储所占磁盘空间是最小的。

按F12键，图像恢复初始状态，仍然复原为RGB模式，看到彩色图像了。

选择色轮图像。选择“图像\模式\灰度”命令，将图像直接转换为灰度图像。

可以看到转换为灰度模式后，这个彩色图像并没有变成一片灰，而是有明暗不同的灰。信息面板中原来的取样点信息变成不同的灰度参数。这与刚才的“色相/饱和度”命令转换效果完全不同。这说明，灰度模式是将不同的彩色对应于不同的灰度值做转换的。

按F12键，图像恢复初始状态，仍然复原为RGB模式，看到彩色图像了。

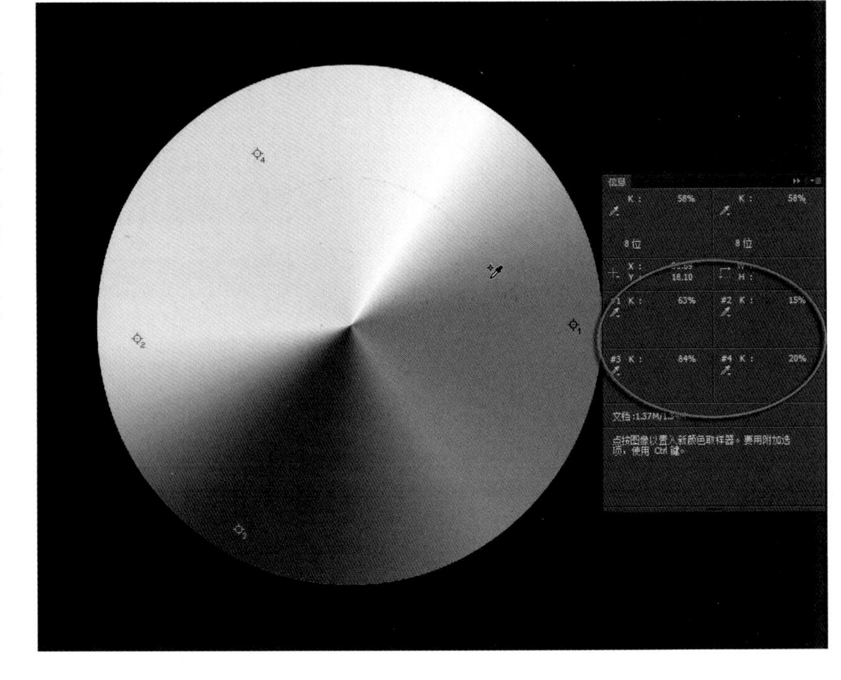

Lab模式转换灰度

当前图像文件仍然是色轮图像。

选择“图像\模式\Lab颜色”命令，将图像转换为Lab色彩模式。

Lab模式是国际照明协会确定的一个理论上包括了人眼可以看见的所有色彩的色彩模式。

图像转换为Lab模式后，我们看到图像色彩没有变化。观察信息面板，看到刚才设置的取样点都变成了Lab参数。

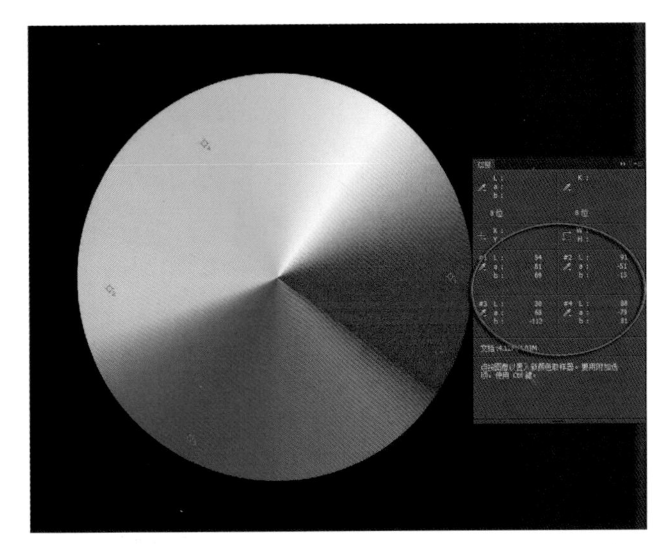

打开通道面板，看到Lab模式有3个通道，分别是L明度通道和a、b两个颜色通道。

单击a、b两个颜色通道前面的眼睛图标，将a、b两个颜色通道关闭。可以看到图像变成了灰度，是有明暗的灰度。

Lab模式将色彩与明度分开，a、b两个通道分别存储颜色，明度通道存储图像的明暗灰度。

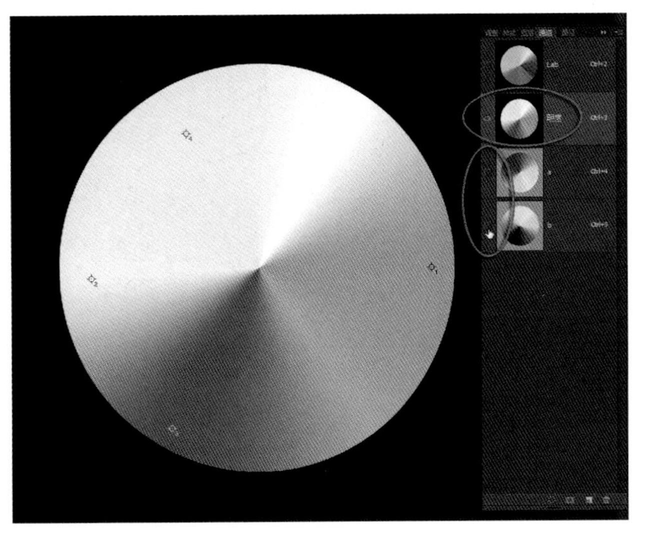

打开“信息”面板，可以看到只有一个灰度参数值。但是仔细观察，可以发现这个灰度参数值与刚才灰度模式下的参数值并不相同。

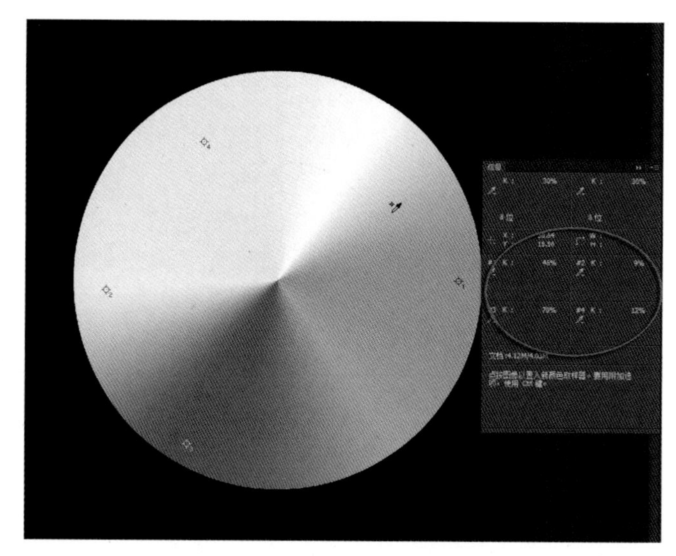

选择花园图像为当前图像。

选择“图像\模式\Lab颜色”命令，将图像转换为Lab色彩模式。

转换为Lab模式后，彩色图像看起来没有变化。

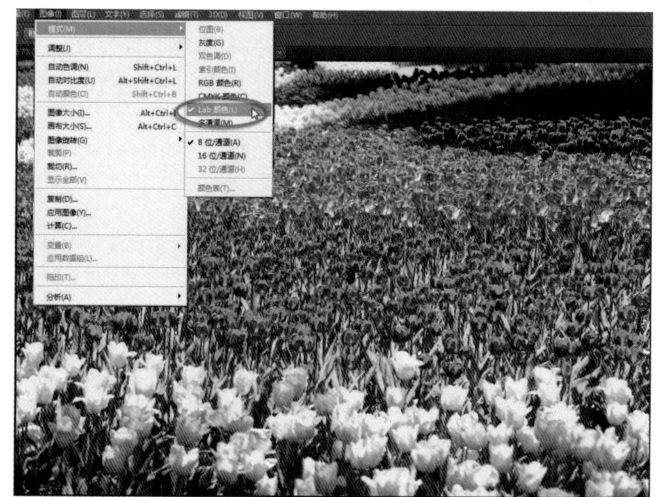

打开通道面板，将a、b两个通道前面的眼睛图标关掉，关闭a、b两个颜色通道，只保留明度通道，图像变成灰度黑白照片。

理论上认为这是图像本身最准确的灰度关系。

最终效果

做完了用3个命令将彩色图像转换为灰度图像的试验，我们需要比较3个命令转换的不同效果，思考3个命令转换的不同思路。

使用色相/饱和度命令降低饱和度参数转换灰度图像，是在原RGB模式基础上，将所有色彩都处理为RGB等值的中性灰。照片中的不同明暗是靠色彩明度的不同作为转换依据的。存储仍为RGB模式，占用空间比较大，转换为黑白照片的反差通常较弱。

使用转换为灰度模式将彩色图像转换为灰度图像，所有转换是软件依照其自身设置完成的，是不可控的。灰度模式只有一个通道，存储占用空间最小。图像反差较大。

使用转换Lab模式，只保留明度通道将彩色图像转换为灰度图像，理论上转换的灰度关系准确，图像质量细腻。但转换时需要多绕一个弯，存储时无法直接存储为最常见的JPG格式，还要再做一次转换，这些对于一般摄影爱好者来讲比较烦琐。

这3个转换操作各有所长，不好分出高下。在实际操作中，不同的照片色彩和影调关系差异很大，需要根据实际情况经过试验，选择更合适的转换命令，达到所需的最佳效果。从彩色转换为灰度之后，经常还要继续对图像做影调的细致调整。

控制彩色转换黑白的基本方法 24

在将彩色图像转换黑白的过程中，如果能做到主动控制某种色彩转换成所需的某个灰度，那就会大大提高黑白照片的艺术表现力。自从Photoshop软件中出现了“黑白”命令后，实现主动控制彩色转换黑白就变得易如反掌、随心所欲了。例如，想把红色变成黑色还是变成白色，就不是软件说了算，而是我们自己说了算了。

准备图像

打开随书“学习资源”中的24.jpg文件。

我们用这样一张花园的图像来做主动控制彩色转换黑白的试验。图像中五颜六色的鲜花转换成黑白，控制转换与非控制转换完全不一样了。

建立黑白调整层

在图层面板最下面单击创建新的调整层图标，在弹出的菜单中选择“黑白”命令，建立一个黑白调整层。

在弹出的黑白调整面板中，可以看到有红、黄、绿、青、蓝和洋红6个颜色调整滑标。

图像已经被转换成为黑白的灰度图像。各项参数为软件默认的参数，这与使用“色相/饱和度”命令，将饱和度参数降低到-100的效果是一样的。可以看到，原本颜色差别非常大的红色、洋红、黄色的花，以及绿色的叶子，自动转换为黑白后，它们的灰度差别不大。

打开“预设”下拉列表，可以看到有12种预设效果可以选择。这些预设效果对彩色图像做不同参数的转换黑白，相当于拍摄黑白照片时在照相机镜头前使用不同的滤色镜。

依次观察不同预设命令的转换效果，最后仍然回到“默认值”。

主动控制彩色转换黑白

将红色参数滑标向右移动，可以看到图像中红色的地方越来越亮，越来越白。只有红色在变化，其他颜色不变。

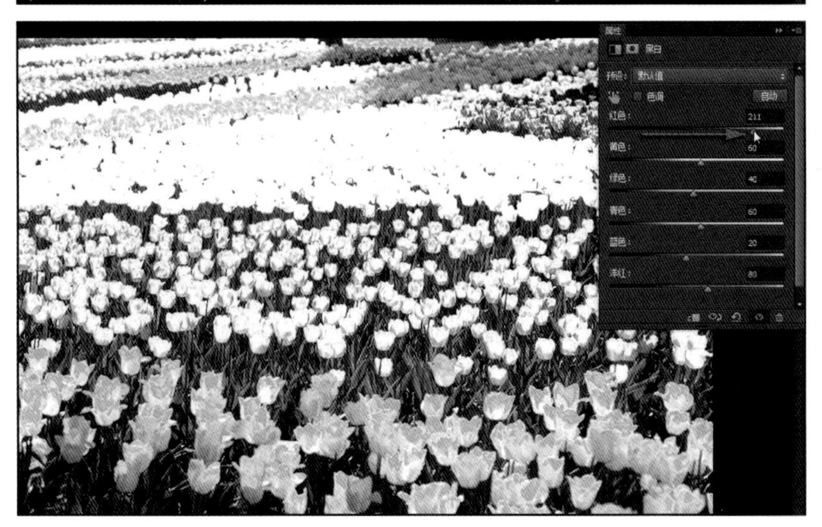

将红色参数滑标向左移动，可以看到图像中红色的地方越来越暗，越来越黑。只有红色在变化，其他颜色不变。

这就是主动控制某种颜色转换黑白，让图像中被选定的特定颜色按照我们的意愿转换为某种程度的灰。

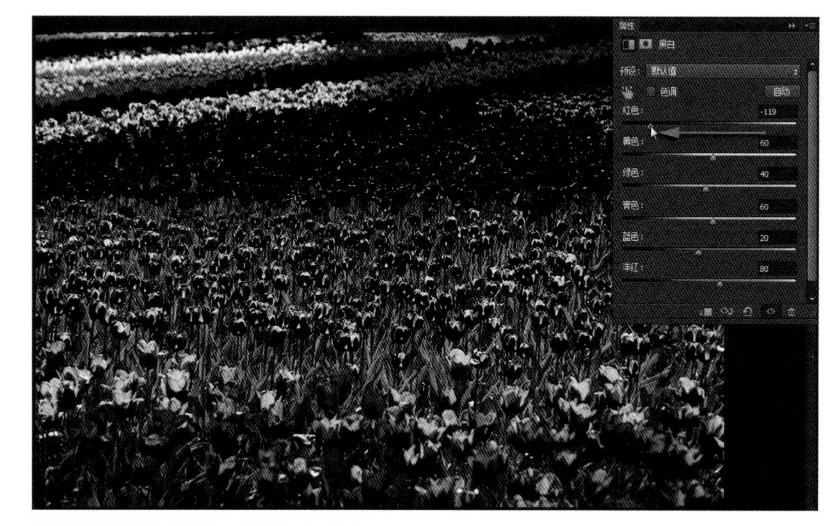

将黄色参数滑标向右移动，可以看到图像中黄色的地方越来越亮，越来越白。只有黄色在变化，其他颜色不变。原本昏暗的黄花现在鲜亮了。

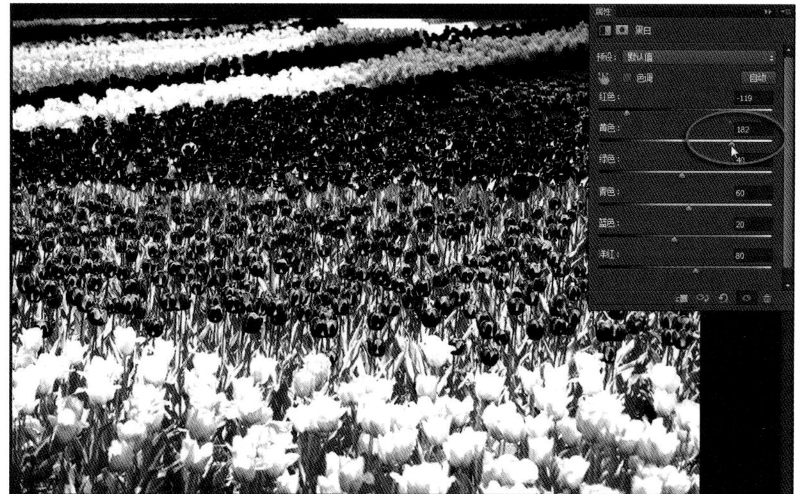

某个物体的颜色大多不是单一颜色。

尝试将红色和黄色的滑标向右适当移动，可以看到图像中原本红色和黄色的花都亮起来了，将绿色滑标也向右移动，原本的绿叶也亮了。

将洋红滑标大幅度向左移动，可以看到图像中原本被转换成中间灰的品红色的花变暗了。黑色的花朵在大面积的亮调中也很突出。

将红色、黄色、绿色参数滑标都向左适当移动，将洋红参数滑标大幅度向右移动。参数设置与刚才相反，可以看到转换后的黑白效果反过来了。品红色的花成了亮调，红色、黄色的花，以及绿叶成了暗调。

明暗对比鲜明，突出了中间位置的花朵。

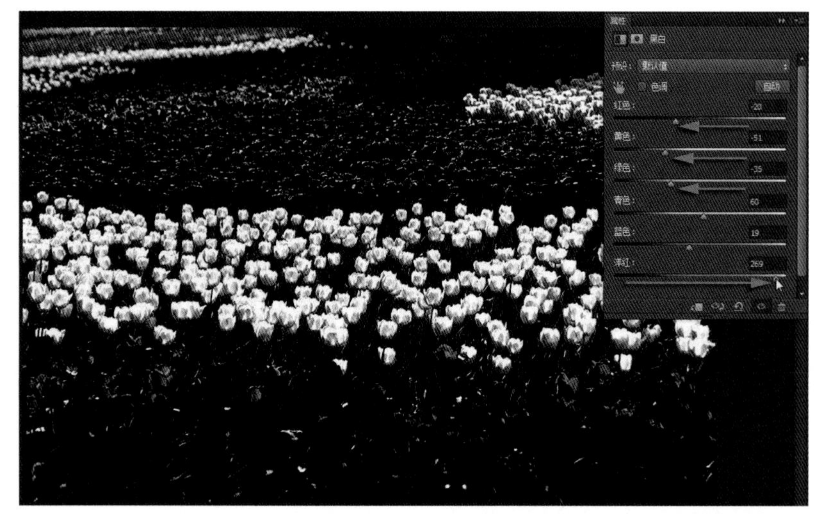

转换单色调

勾选面板上的“色调”选项，可以为转换的黑白图像增加单色调效果。

单击色标，可以打开拾色器。在颜色空间中单击某个位置，可以挑选所需的饱和度，或鲜亮，或暗淡。

在色相条上移动滑标，可以改变色相，选择所需的颜色为转换黑白的图像添加单色调效果。

单击“确定”按钮退出。

改变图层模式的效果

回到图层面板。

当前层是黑白调整层。在图层面板最上面打开不透明度参数，将不透明度滑标逐渐向左移动。降低当前黑白调整层的不透明度，最终会恢复原来的彩色图像。而设置某个不透明度参数可以使当前调整层效果部分作用于原图，显现出淡彩色的效果。究竟设置为多少合适，全凭个人喜好了。

打开图层混合模式下拉列表，可以选择不同的图层混合模式，以产生不同的图层混合效果。

各种图层混合效果并无好坏优劣之分，完全凭个人感觉喜好而定。

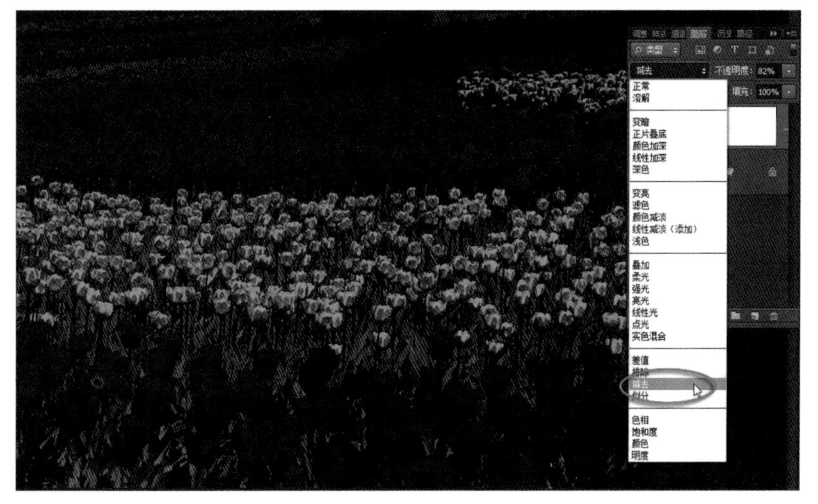

设置了所需的图层混合模式后，还可以继续调整黑白转换的参数。

在图层面板上，双击黑白调整层图标，重新打开黑白调整面板。根据图像的实际情况，重新调整各项参数，达到所需的效果。

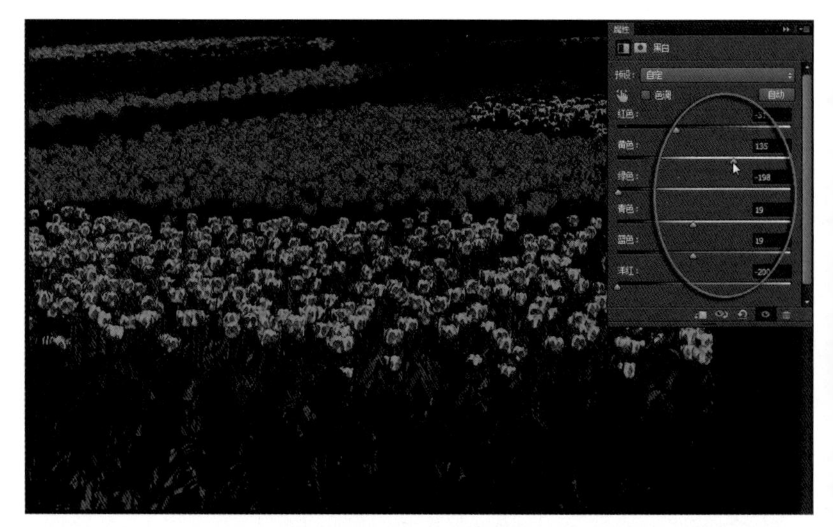

单击当前调整层蒙版，激活蒙版操作。在工具箱中选择渐变工具，前景色设置为黑色，在图像中拖曳出渐变线，填充部分黑色，遮挡一部分当前调整层。可以看到图像转换黑白的对比。这也是图像保留局部彩色的基本操作思路。

最终效果

主动控制的彩色转换黑白操作，可以有选择地对各种彩色部分做所需的黑白转换，这是使用“黑白”命令最大的优势。

将彩色图像中的每一种颜色究竟转换为黑色还是转换为白色，虽然没有一个必须照办的标准，但是黑白照片的影调是转换的重要因素，黑白照片的素描关系，是转换操作的基本出发点。

拍出活跃

单位里经常有很多正式的活动，各项程序按部就班，领导致辞，主题报告，参观考察，最后是合影留念。经历得多了，片子拍得马棚风一般了。

那一日，百十位世界各国的青年来院里参观。前面的程序都一样，合影的时候依旧是人人笔直挺立，规规矩矩。我在想，青年应该有一种活力，世界各国的青年到我们院来，应该是一个很欢快的事。青年的身上充满了活力，青年的精神蓬勃向上，青年代表了未来的希望。不应该把他们表现得那样刻板，要把大家的情绪调动起来。

于是，在拍完合影之后，我迅速重新设置相机参数，开大光圈。让大家一起面向我的镜头走过来。我故意向大家做出活跃的姿态，伸手示意，尽力调动大家的情绪。果然，向我走过来的各国青年们立刻放松了矜持的神态，大家的脸上露出笑容，大家的脚步显出了青春的活力。一位非洲的青年从旁边过来，想进入画面的中间，他看着我犹豫了一下。我示意他走到中间来，他非常高兴地插入队列的中间，并且奔放地扭起了非洲的舞步。

前后一共不到10米距离，我一边后退一边拍摄。总共10秒钟的时间，拍了8张照片。我不习惯用连拍，还是看着我认为最佳的瞬间按动快门。回来之后挑选出其中最满意的一张。最终被媒体选中刊发的就是这张片子。

彩色风光转换黑白的魅力 25

黑白风光照片主要靠影调吸引人，将人们习以为常的色彩隐去，以生动细腻的影调突出形象。用数码相机前期拍摄黑白照片一要靠经验，二要靠滤镜。我不赞成将数码相机设置黑白模式拍摄，因为这不利于控制转换黑白操作。我们极力主张后期做主动控制彩色转换黑白，因为主动控制转换更直观、更简便，尤其是后期处理中可以组合不同的参数，产生无数的影调变化，使黑白照片魅力无限。

准备图像

打开随书“学习资源”中的25.jpg文件。

看到村口的这棵大树，看到冬日的阳光穿透密密的树冠枝丫，看到投射到残雪上的树影，看到小路吃力地伸向村里，有种说不清的感触，在逆光中拍下这幅画面。

回来仔细观察这张片子，造型不错，但色调和影调都一般，于是尝试转换黑白照片效果。

提高色彩饱和度

要将彩色转换为灰度，色彩越鲜艳，颜色转换的对比度差异越大，因此，先适当提高色彩饱和度，再做转换灰度，会有较好的效果。

在图层面板最下面单击创建新的调整层图标，在弹出的菜单中选择“色相/饱和度”命令，建立一个新的色相/饱和度调整层。

转换灰度时最关键的色彩是红、黄、青、蓝4色。

在弹出的“色相/饱和度”调整面板中，打开颜色下拉列表，选择“黄色”，然后将饱和度滑标大幅度向右移动，提高黄色的饱和度。

也可以选择面板中的直接调整工具，在图像中按住红色的地方，看到颜色通道自动选中了红色。按住鼠标向右移动，适当提高红色的饱和度。

用直接调整工具在图像的左上方寻找青色，因为感觉左上角的颜色比较淡。找到青色按住鼠标向右移动，大幅度提高青色的饱和度参数。

移动光标继续找到蓝色。按住鼠标向右移动，适当提高蓝色的饱和度。

因为建立的是色相/饱和度调整层，因此不必担心调整的参数是否合适。后面操作中对色彩饱和度不满意，还可以回来继续调整。

转换黑白

现在开始做转换黑白照片的操作。

在图层面板最下面单击创建新的调整层图标，在弹出的菜单中选择“黑白”命令，建立一个新的黑白调整层。

在弹出的“黑白”面板中，默认参数已经将彩色照片转换为黑白效果。还可以单击面板右上方的“自动”按钮，会按照图像的影调做自动调整。感觉自动转换的黑白效果中规中矩，没有什么问题，但也没有什么打动人的地方。

先尝试高调效果。

将红色和黄色两个滑标移动到最右端，地面呈现亮调。再将青色和蓝色的滑标也适当向右移动，直至看到天空几乎接近白色。

这时天空和地面都为亮调，片子属于高调效果。如果还想再提亮，就需要用曲线命令继续做。

尝试剪影效果。

先将红色和黄色两个滑标向左侧移动，再将青色和蓝色滑标适当调整位置，各项参数滑标大致为左上到右下的斜向排列。注意检查树枝与天空的对比度，看到树木的影调成为干净的剪影，片子呈现一种阴霾沉闷的气氛。

尝试低调效果。

将红色和黄色的两个滑标向右移动，将青色和蓝色两个滑标向左移动，各项参数滑标大致为右上到左下的斜向排列。这时天空被大幅度压暗，地面的景物十分生动，类似于使用黑白胶片时加红色滤镜的效果。

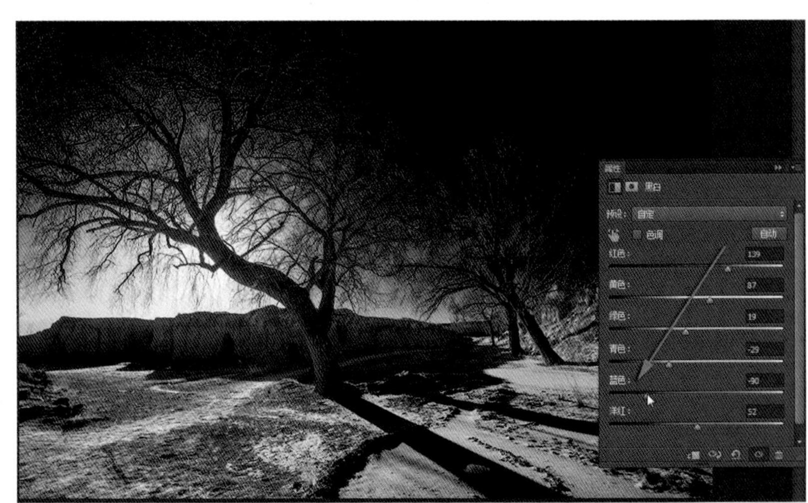

尝试将红色和黄色两个滑标做反向调整，分别移动到对立的两端。图像场景呈现一种逆光的效果，夕阳的“味道”很浓。

将红色和黄色两个滑标都移动到最左侧，使树成为剪影效果。再适当调整青色和蓝色的滑标，让天空与树冠枝丫的对比明显。现在给人的感觉更加绮丽耀眼，有一种神秘感。

自我感觉这个效果很吸引人，于是继续做细致的调整。将黄色滑标右移，使树干的层次有所显现，同时地面的层次也出来了。认真调整青色和蓝色的滑标，使天空与树枝的反差达到最强烈。

弱彩色效果

除了纯黑白效果，还可以尝试一种弱彩色效果。

当前层是黑白调整层。在“图层”面板上打开图层混合模式下拉列表，依次尝试各种不同混合模式的效果，感觉“深色”模式效果较为满意。

感觉地面的暖色过重了。

在图层面板上单击色相/饱和度调整层的蒙版，进入色相/饱和度调整层的蒙版的操作状态。

在工具箱中选择画笔工具，前景色为黑色，设置合适的画笔直径，最低的硬度参数。用画笔在地面上颜色过重的地方涂抹，将颜色做适当遮挡。

最终效果

经过这样的操作，一幅原本影调和色调正常，但画面感染力不强的照片被彻底改变了。经过转换黑白调整，天空被压暗，太阳局部光影突出，逆光效果强烈。地面投影凸显张力，树冠枝丫有一种晶莹感。村口的凝重、期盼气氛得以充分体现。

使用黑白调整层做彩色转换，可以根据自己的理解和爱好，尝试各种不同的转换效果，表达不同的情感。

一般来说，彩色转换黑白，最重要的是红黄色与青蓝色，因此选择这几种颜色突出的照片做黑白转换会有较好的效果。在转换之前，还可以适当强调原片的色相/饱和度。

杂谈

数码照片后期处理的三个阶段

有朋友说：学习数码照片后期处理，跟着做书里的图还像回事，但是回到了自己的片子上，又不知道该如何调了。

我觉得处理数码照片要经历3个阶段：第一个阶段学习掌握软件基本操作技术，第二个阶段熟练控制照片影调和色调，第三阶段运用艺术手段提升作品质量。

在初学数码照片处理的第一阶段，书本和课堂上解决的大多是具体操作技术问题，这是数码照片处理最先遇到的难题。这些操作技术的核心是“三板斧”，基础是图层，关键是蒙版。当然，还要包括相关的色彩知识、像素知识、图像文件输入输出知识，掌握基本的工具使用、图像编辑技术、通道技术等。这时操作的对象大多是书中提供的素材图像，这些图像是图书作者精心选择的非常典型的照片。

基本掌握了软件的操作技术之后就可以进入第二阶段了。过了软件操作技术这关之后，就是如何处理摄影作品的问题了。这时候要考虑的是片子的整体影调和色调如何把握，什么地方应该亮，什么地方应该暗；什么地方应该强烈，什么地方应该减弱。要从片子的整体把握，有大局观。按照黑白灰的关系控制空间关系，按照区域曝光法处理各个部分的影调。这时操作的对象可以选择自己拍摄的照片中特点非常明显的，使用单项技术可以解决问题的片子。

第三个阶段是提升摄影作品艺术水平的阶段，属于艺术创作层面。这时要考虑的就不仅仅是对照片的后期处理，而且还要从前期拍摄就开始全面综合考虑。前期的拍摄要为后期处理提供足够的空间和良好的基础条件，在前期拍摄中就要想到后期要解决什么问题。然后在后期处理中，把前期拍摄时的想法逐步认真地处理出来，实现前期无法达到的艺术效果。前期与后期相辅相成，把要表现的主体突出出来，把那些陪体弱化下去。而这是在看到被摄对象按下快门之前就想到了的，但是由于当时的条件和环境影响，前期拍摄无法满足摄影者对于表现主题想要达到的效果，后期就是对照片主题和主体的艺术升华。

如果简单归纳数码照片处理的3个阶段，可以表述为：

技术上，三板斧+图层+蒙版=调整层；

理论上，亚当斯的区域曝光理论整体控制影调和色调；

观念上，把自己的片子中想表现的主体强调出来，陪体弱化下去，把照片升华为作品。

彩色人像转换黑白的秘诀 26

黑白人像照片以细腻的层次和影调感动人。将彩色人像照片转换为黑白照片时，并不是简单地非控制转换就能得到满意而细腻的层次和影调的，必须采用控制转换来主动调整人像皮肤影调、服装影调、环境影调，认真处理好诸多元素的素描关系。尤其是人物皮肤的质感和影调，离不开黑白转换中红黄颜色参数值的精细设置。

准备图像

打开随书“学习资源”中的26.jpg文件。

这是一幅在摄影棚内拍摄的人像，人物形象不错，但是布光有误，正面光太弱，衣服的颜色与背景颜色过于冲突。于是考虑尝试将色彩转换黑白。

调整原照影调

首先感觉原片欠曝，人物面部影调偏暗。

在图层面板最下面单击创建新的调整层图标，在弹出的菜单中选择“曲线”命令，建立一个新的曲线调整层。

在弹出的“曲线”面板中选择直接调整工具，在图像中用鼠标按住人物脸部向上移动，看到曲线上产生相应的控制点也向上移动，曲线抬起，脸部亮了。

感觉照片的暗部层次少，用鼠标在曲线的根底位置再建立一个控制点，稍稍向上移动一些，这样可以增加一点暗部层次。

转换黑白效果

然后来做转换黑白效果。

在图层面板最下面单击创建新的调整层图标，在弹出的菜单中选择“黑白”命令，建立一个新的黑白调整层。

在弹出的“黑白”调整面板中，首先将红色和黄色的滑标都向右移动，看到人像的肤色亮起来了。提高红、黄两色，是彩色转换黑白时使人物皮肤白皙的关键参数。

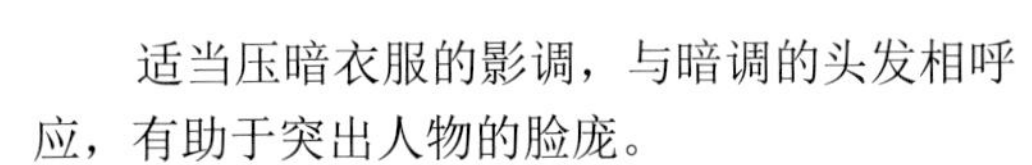

适当压暗衣服的影调，与暗调的头发相呼应，有助于突出人物的脸庞。

提高蓝色的参数值，即在青绿色的衣服里增加蓝色，这样就压暗了衣服的影调。稍稍调整绿色和青色的参数值，以使衣服的层次尽可能丰富。

压暗背景影调

为了更突出人物，想将背景处理成暗调。但是如果直接降低红色的参数值，又会影响到人物皮肤的影调，因此需要将背景颜色挑选出来。

在图层面板上单击当前黑白调整层前面的眼睛图标，将当前层关闭，看到彩色图像了。

选择“选择\色彩范围”命令。在弹出“色彩范围”对话框后，在图像的红色背景上单击鼠标，然后拉动颜色容差滑标，让缩览图中的图像黑白分明。白色部分是被选中的部分，黑色部分是不选中的部分。现在可以看到图层的蒙版上已经有了相应的蒙版填充。

单击“确定”按钮退出色彩范围。

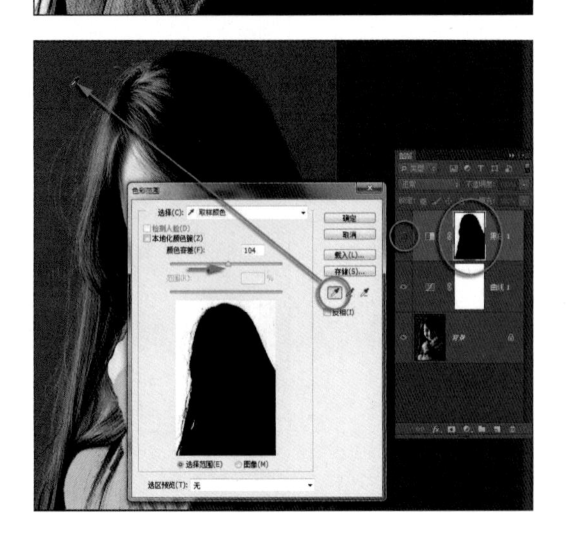

在图层面板上单击当前层前面的眼睛图标，重新打开当前黑白调整层。按Ctrl+I组合键将当前调整层中的蒙版做反相，可以看到当前黑白调整层只对人像起作用，背景恢复了红色。

仔细想明白这个调整层+蒙版的作用，对于理解如何分别调整转换图像中不同位置但相同颜色很重要。

再次在图层面板最下面单击创建新的调整层图标，在弹出的菜单中再次单击黑白图标，建立第二个黑白调整层。

在弹出的“黑白”面板中，将红色滑标向左移动，可以看到红色背景暗下来了，近乎全黑的背景将灯光照亮的头发显现出来了。

由于第一个黑白调整层中蒙版的遮挡，所以这个被压暗的红色没有影响到下面的层。

细致调整影调

还需要对图像中各个部分的影调做细致的调整。

感觉人物头发的边缘过于强烈。在图层面板上单击人像黑白调整层的蒙版图标，进入蒙版操作状态。

在工具箱中选择画笔工具，前景色设置为黑色，在上面的选项栏中设置合适的笔刷直径和较低硬度参数。

在认为过亮的头发部分涂抹，按住鼠标一笔涂抹（中间不能抬起鼠标）。

涂抹一笔后，即选择“编辑\渐隐画笔”命令，打开“渐隐”对话框，将不透明度滑标向左移动，看到刚涂抹的头发明暗满意了，单击“确定”按钮退出。

可能有多处过于强烈的头发边缘需要涂抹，每涂抹一次就要做一次渐隐调整不透明度。打开“渐隐”对话框的快捷键是Ctrl+Shift+F组合键。

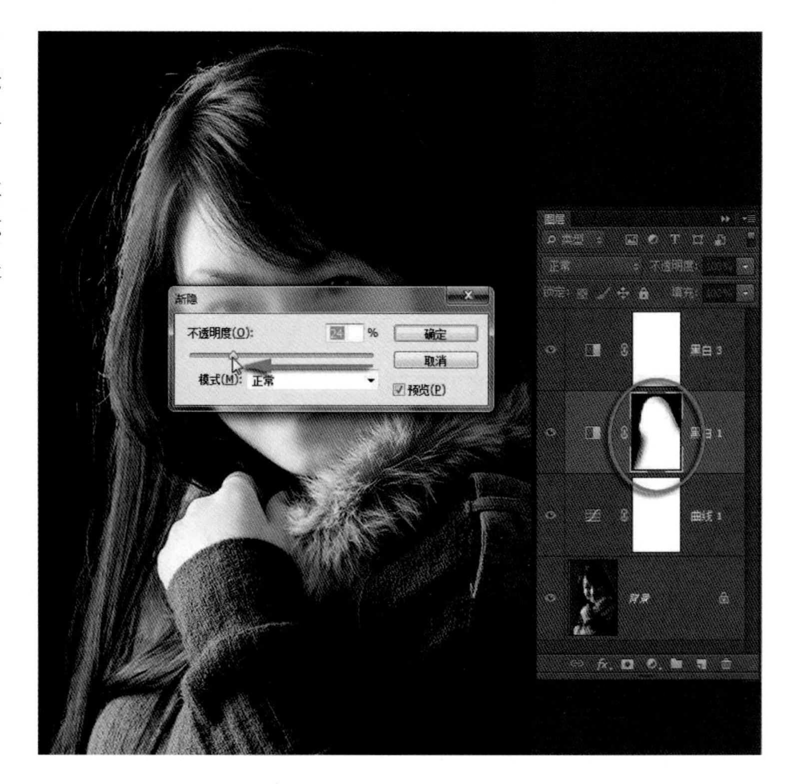

还需要继续调整衣服等相关部分的影调。

在图层面板上单击曲线调整层的蒙版图标，进入曲线调整层蒙版操作状态。

继续用黑色画笔将衣服的较亮部分小心涂抹压暗。

有的地方涂抹后，也需要做渐隐不透明度设置。

所有的调整都是按照人物的素描关系来处理的，衣服的反差不能过大，以免影响脸庞的表现。

还需要用直径很小的画笔，仔细地将脸部的眉毛、嘴唇涂抹出来，使五官更加醒目生动。

如果黑色画笔涂抹不够准确，可以先用黑色画笔涂抹，然后按X键转换成白色画笔，小心修饰回来。

尝试其他效果

尝试高调效果。

在第一个黑白调整层的调整图标上双击鼠标，重新打开黑白调整面板。

将青色滑标大幅度向右移动，看到衣服的颜色亮起来了。

按住Shift键，同时在当前调整层的蒙版上单击鼠标，可以看到蒙版上出现一个红色的“×”，这表示当前蒙版被关闭。于是背景成为最亮的白色，片子呈现高调效果。

在图层面板上，将最上面的黑白调整层前面的眼睛图标关掉，关闭这个调整层。

当前层仍然是人像黑白调整层，在图层蒙版的最上面打开不透明度滑标，将不透明度适当降低，可以看到图像呈现淡彩色效果，看起来很温馨、淡雅。

最终效果

将原本色调并不舒服的人像照片，用两个黑白调整层转换成黑白照片。并且通过多种不同的参数组合，制作出不同的影调和色调效果。所有的操作完全可控，可以反复调整尝试各种风格的效果。

彩色人像转换黑白的关键是提高红、黄参数让人物皮肤白皙。如果对照片中同类颜色要做不同黑白影调转换，可以分别用多个黑白调整层加蒙版来处理。

转换黑白并非除去颜色就能完成的，要按照素描关系，利用画笔和蒙版来细致调整各个部分的影调关系。

转换黑白保留局部彩色效果 27

将彩色照片转换为黑白照片，而在整体黑白影调中，又保留局部的彩色。通常是将需要突出的主体处理成彩色，将周围的陪体处理为黑白。这样做可以使照片主次分明，更有利于突出表现主体。对于环境比较繁杂，主体难以突出的照片，采用这样的处理方法能取得很好的效果。

准备图像

打开随书“学习资源”中的27.jpg文件。

这是特色鲜明的新疆民族歌舞中的一个瞬间。歌舞的主体老汉和美丽的古丽表情动作都很到位，只是他们俩与周围环境交集在一起，陪体和环境的色彩很鲜艳，干扰了主体人物的表现。

考虑将环境陪体转换为黑白，以突出彩色的主体。

调整影调和色调

在图层面板最下面单击创建新的调整层图标，在弹出的菜单中选择“色阶”命令，建立一个色阶调整层。

在弹出的“色阶”面板上将左右两侧的黑白场滑标稍向内移动，放在直方图的峰值两端。影调舒服了。

在图层面板最下面单击创建新的调整层图标，在弹出的菜单中选择“色相/饱和度”命令，建立一个色相/饱和度调整层。

在弹出的“色相/饱和度”面板中，先将饱和度滑标略向右移动，提高一点全图的饱和度。

感觉图像中的蓝色过于鲜艳。在面板中打开颜色下拉列表，选择“蓝色”。将饱和度和明度两个参数滑标都向左移动，适当降低蓝色的饱和度和明度。

在面板中打开颜色下拉列表，选择“黄色”。将饱和度参数滑标向右移动，将黄色饱和度提高一些。

感觉品红色也过于鲜艳。在面板中打开颜色下拉列表，选择“洋红”。将饱和度滑标向左移动，将品红色的饱和度适当降低。

转换黑白

在图层面板最下面单击创建新的调整层图标，在弹出的菜单中选择“黑白”命令，建立一个黑白调整层。

现在要调整的是环境陪体的影调。根据适当降低环境陪体的亮度和反差的原则，合理调整各项颜色参数，让环境相对反差较弱，明度稍暗。

局部保留彩色

在工具箱中选择画笔工具，前景色设置为黑色，在上面选项栏中设置大致合适的笔刷直径和最低硬度参数。

现在是在蒙版操作状态下。用黑色画笔涂抹主体人物，可能很多地方都无法涂抹准确，没关系，先大致涂抹，看到彩色主体人物了。

用放大镜工具将图像局部放大。

仍然选用黑色画笔工具。在图像中单击鼠标右键，弹出画笔设置面板，设置较小的笔刷直径和中等的硬度参数。

用合适的小画笔精细涂抹主体人物边缘。如果涂抹失误，可以按X键转换前景色与背景色，用白色画笔再将涂抹失误的地方修改回来。

需要移动画面时不必去工具箱中选抓手工具，只需按住空格键，光标将临时变成抓手工具，在图像中按住鼠标拖动就可以移动画面了。松开空格键，即可回到当前使用的画笔工具，继续涂抹。

要非常精确地修饰蒙版，还是进入快速蒙版操作状态更好。

按住Shift+Alt组合键，同时用鼠标在图层面板上单击当前层的蒙版，进入快速蒙版操作状态，看到半透明的红色为蒙版遮挡区域。

用黑色画笔和白色画笔继续精细修饰蒙版边缘，直到所有地方都准确了。

蒙版都涂抹修饰好了，按住Shift+Alt组合键，同时用鼠标在图层面板上单击当前蒙版图标，退出快速蒙版操作状态。

现在可以看到整体转换黑白，局部保留彩色的效果了。

在图层面板上双击黑白调整图标，重新打开黑白调整面板。

现在可以根据图像的整体效果，再继续对黑白部分的影调做进一步的参数调整，直到完全满意。

环境弱彩色效果

环境完全是黑白是不是显得不太舒服，还是保留一点点彩色为好。

在图层面板最上面打开不透明度下拉列表，将不透明度滑标适当向左移动一点，观察图像中黑白部分稍有一点颜色，但不与主体人物的颜色相互抢眼，设置多少参数为宜依个人喜好而定。

最终效果

经过这样的转换调整，整个片子大调子是近乎黑白的弱彩色，而前景的主体人物是完全鲜艳的彩色效果。这样就使前景人物与环境陪体完全分离开了，主体人物非常鲜明突出。

整体黑白保留局部彩色，或者整体弱彩色对比局部强彩色，都是用这样的方法来强化对比效果的。

第6部分 色彩艺术与色调

追求油画高级灰色调 28

“高级灰”是指油画绘画中使用多复合色、中灰色调为主的绘画色调。高级灰色调的画品显示一种宁静、沉默、中庸、和谐的情绪。将油画中的这种高级灰运用到摄影中，特别适合使用在民俗类的作品中，利用转换黑白命令控制颜色的明暗关系，然后降低黑白层的不透明度，很方便就能得到那种低饱和度的效果，这类似油画中的高级灰效果，它大大提高了摄影作品的品位。

准备图像

打开随书“学习资源”中的28.jpg文件。

走进这个作为羊圈的小院，与羊倌聊天，征得他的同意，为他拍摄了这张照片。

片子力图表现羊倌清贫、简单的生活，他每天与羊群为伴，除此之外似乎没有更多其他要做的事。

片子拍摄是典型的环境人像，作为纪实摄影，完全正常。

调整原照影调

在图层面板最下面单击创建新的调整层图标，在弹出的菜单中选中“色阶”命令，建立一个新的色阶调整层。

在弹出的“色阶”面板中，按照直方图的形状，将右侧的白场滑标向左移动，放到直方图的右侧起点。图像的整体影调已经没有问题了。

感觉天空过亮，没有层次。

在工具箱中选择渐变工具，前景色设置为黑色，在上面选项栏中设置渐变色为从前景色到透明，线性渐变方式。用渐变工具在图像的天空部分从上向下拉出渐变，可以看到天空在蒙版的遮挡下，上半部分变暗了一点。

调整颜色

需要适当调整图像的色彩。

在图层面板最下面单击创建新的调整层图标，在弹出的菜单中选择“色相/饱和度”命令，建立一个新的色相/饱和度调整层。

在弹出的“色相/饱和度”调整层面板上，将全图的饱和度滑标适当向右移动到20左右。

打开颜色通道下拉列表，选择青色通道。将饱和度滑标提高到近50，明度降低到近-50。这样在提高天空青色饱和度的同时，压暗了青色的明度。

打开颜色通道下拉列表，选择蓝色通道。将饱和度滑标提高到近50，明度降低到近-30。这样在提高天空蓝色饱和度的同时，压暗了蓝色的明度。

现在看起来，整个图像影调和色调完全正常。作为纪实摄影来说，这样的照片可以算完成了。但是我们想制作一种民俗风情画的效果，想表现得更有艺术的味道。

降低影调反差

在图层面板最下面单击创建新的调整层图标，在弹出的菜单中选择“曲线”命令，建立一个新的曲线调整层。

在弹出的“曲线”面板中，选择直接调整工具，在图像中选择一个暗点按住鼠标稍向上移动，看到曲线上相应的控制点向上抬起了，图像变亮了。在曲线中间的位置建立一个控制点，将这个点略向下压一些，曲线中间段略呈平滑，图像中间调的反差降低了，让图像影调趋于平和。

转换黑白

在图层面板最下面单击创建新的调整层图标，在弹出的菜单中选择“黑白”命令，建立一个新的黑白调整层。

将红色和黄色两个参数提高，看到图像中人物的皮肤和土房子亮度提高了。

将青色和蓝色两个参数降低，看到天空明显暗下去了。

调整高级灰调子

在图层面板上，打开当前层的不透明度参数，将滑标逐渐向左移动，看到图像的黑白影调慢慢变淡，色彩饱和度稍有显现，直到整个图像色彩满意了。

整个图像在淡淡黑白笼罩下呈现出那种低饱和度的油画高级灰效果。但是人物可以单独提高一点色彩饱和度。

在工具箱中选择画笔工具，前景色设置为黑色，在上面选项栏设置合适的笔刷直径和硬度参数。用黑色画笔细心涂抹人物，在蒙版的遮挡下，人物的色彩又恢复了原来的红润。

感觉人物脸部过于红润，与整个图像色调不相符。

按X键，将前景色与背景色对调，现在前景色为白色。用白色画笔将人物头部涂抹回来，注意要一笔涂抹完成不能中途抬起鼠标。可以涂抹的范围大一些没关系。

涂抹一笔完成后，即选择“编辑\渐隐画笔”命令，打开“渐隐”对话框，将不透明度滑标向左移动，看到刚涂抹的脸部色彩满意了，单击“确定”按钮退出。

人物的色彩完全满意了。

感觉天空还需要再增加一点层次变化。

在图层面板最下面单击创建新的调整层图标，在弹出的菜单中选择“曲线”命令，建立一个新的曲线调整层。

在弹出的“曲线”面板中，选择直接调整工具，在图像的天空上按住鼠标稍向下移动，看到曲线上相应的控制点将曲线向下压，天空暗下来了。

按Ctrl+I组合键将蒙版颜色做反转，成为黑蒙版。

在工具箱中选择渐变工具，前景色设置为白色，在上面选项栏设置渐变色为前景色到透明，线性渐变方式。

先在天空中从上到下拉出渐变，在蒙版的遮挡下，天空上半部分变暗了，天空层次丰富了。

再在地面处从下到上拉出渐变，地面下半部分也被压暗了，把图像的中间部分做亮，目的是更好地引导读者的视线。

如果愿意的话，还可以继续尝试更多的影调色调效果。

打开图层面板最上面的图层混合模式下拉列表，依次选择各个混合模式，看看哪种效果更合意。

最终效果

经过这样的调整，制作出一种模仿油画中高级灰的影调和色调。画面的整体颜色都呈低饱和度，这种高级灰的调子给人一种安静、很中庸的情绪，强调了一种荒凉、萧瑟的气氛，与照片中表现的环境气氛非常吻合。

一般来说，高级灰的低饱和度调子尤其适合表现民俗纪实作品中相对静态的画面，不适合表现热烈的场景。因为高级灰本身就是偏于凝固的情绪倾向。

注意在整体低饱和度的高级灰画面中，制造局部稍微跳跃一点的色彩，对于提升照片的视觉亮点很有必要。

颜色的性格

色彩是有性格的，不同的颜色有不同的性格倾向。在中国的京剧中，运用色彩表现人物的性格就运用得十分突出。

红色——表现忠贞、英勇的人物性格，如：关羽

蓝色——表现刚强、骁勇、有心计的人物性格，如：窦尔敦

黑色——表现正直、无私、刚正不阿的人物形象，如：包拯

白色——代表阴险、疑诈、跋扈的人物形象，如：曹操

绿色——代表顽强、暴躁的人物形象，如：程咬金

黄色——代表骁勇、凶猛的人物，如宇文成都

紫色——表现刚正、稳练、沉着的人物，如杨延昭

金、银色——表现各种神怪形象，如孙悟空

但在京剧中，人物脸部的颜色运用已经是一种程式化的，要求人们按照颜色定位人物。

在我们日常的摄影活动中，也应该了解颜色性格的基本特征。我们至少应该知道一些颜色的性格倾向，例如，红色给人以热烈，蓝色让人安静，黄色感觉明朗，绿色表示稳重，紫色充满浪漫，玫瑰色显现了高贵，白色是那么纯洁，黑色又尽显沉重。在我们的摄影中，认真注意运用色彩，表现色彩的性格，这对于提高摄影作品的档次有明显作用。

色彩的性格并不是教条，不能按照文字的定义僵化地、固执地安排画面中的颜色。比如红色表示热烈和勇敢，但红色在某些时候也表示血腥和恐怖；蓝色表示安静和高远，但蓝色在某些时候也表示诡异和悬疑。颜色的性格一方面是客观的，另一方面又是主观的，所以颜色的性格是矛盾的，是同时具有正反两面性的。而我们在自己的摄影作品中用颜色表达的情感倾向，是我们在合理运用颜色的过程中所赋予的结果。即便是同一种颜色，使用在不同的画面内容中，其所表现的颜色性格倾向也会完全不同。例如在丰收的田野中使用黄绿色，展示了一种快乐的希望。而在肮脏的角落里使用黄绿色，却暗示了一种迂腐的厌恶。

《孙子兵法》有云：兵无常势，水无常形。运用表达颜色的性格，并没有一个非常精细严格的规定，但是有一个基本的规律。正确地表达颜色性格信息，在于将颜色与摄影画面所表现的内容完美结合，在于摄影人自身的美学和艺术修养。

探索反冲效果 29

反冲是胶片时代，将正片放进负片冲洗液冲洗出来的效果。原本是某次误操作，但是发现错冲出来的胶片色彩夸张，有一种特殊的艺术味道。于是有些摄影师开始探索专门拍摄正片故意做负冲，进而再试验对负片做正冲。在胶片时代，反冲效果很难控制，而在数码时代，用计算机控制反冲效果后期处理，则是每个爱好者都可以尝试的操作了。

准备图像

打开随书“学习资源”中的29.jpg文件。

能够适合做反冲效果的图，最好是有大面积中间调，局部有鲜明色彩。

百年古村里，姑娘站在雨后的小巷中。天上淅淅沥沥落下小雨，石头路面倒映天光，房檐下几盏红灯笼提示着过年的气息。整个环境空空的，静静的。

调整影调

原片欠曝，影调沉闷。

在图层面板最下面单击创建调整层图标，在弹出的菜单中选择“色阶”命令，建立一个色阶调整层。

在弹出的“色阶”面板中，按照直方图的形状，将右侧的白场滑标向左移动到直方图的右侧起点。片子的影调关系正常了。

整体看片子影调已经没有问题了，但是没有看头。

反冲效果曲线调整

在图层面板最下面单击创建调整层图标，在弹出的菜单中选择“曲线”命令，建立一个曲线调整层。

在弹出的“曲线”面板中，打开最上面的曲线模式下拉列表，可以看到这里已经预设了多种曲线调整模式。可以依次选择尝试各种模式，研究不同曲线参数设置对于图像的影像效果。

在曲线模式下拉列表中，选择“反冲”选项。这里预设的反冲参数，可以非常方便地得到很逼真的胶片反冲效果，比很多网上教程效果要好。

可以看到，反冲的图像颜色夸张，红绿蓝三色的曲线都呈S形。整体影调反差增强。

从曲线中可以看到尤其是绿色通道曲线，亮调部分特别强。阴影部分也较强。而中间调部分稍弱。这就是说，反冲效果会明显偏绿。红和蓝也是明暗两头强，中间弱。

设置反冲模式后，图像影调反差过大，需要适当回调图像影调。

在图层面板上，双击刚才调整影调的色阶调整层的图标，重新打开刚才做的色阶调整面板。

将右侧的白场滑标向右侧移动，重新放回原位，将中间灰滑标逐渐向左侧移动，扩大亮调空间。直至看到图像中的反差效果满意。

现在看到的就是比较典型的反冲效果。

在反冲效果中，人物的脸部呈青绿色，看着不舒服。

在工具箱中选择画笔工具，前景色设置为黑色。在图像中单击鼠标右键，在弹出的画笔面板中设置所需的画笔直径和最低的硬度参数。

在图层面板上单击曲线调整层的蒙版图标，进入反冲调整层的蒙版操作状态。用黑色画笔将人物脸部涂抹恢复原状，注意，要一笔完成，就是说涂抹时按住鼠标不能松开。

一笔涂抹完成后，选择“编辑\渐隐画笔工具”命令，在弹出的“渐隐”对话框中，将滑标逐渐向左移动，降低涂抹的不透明度，看到涂抹的人物脸部颜色满意了，单击“确定”按钮退出。

为什么不在涂抹时设置画笔的不透明度参数？因为不知道设置多少参数值才合适。

现在感觉人物的衣服影调偏暗。

在工具箱中选择画笔工具，前景色设置为黑色。在图像中单击鼠标右键，在弹出的画笔面板中设置所需的画笔直径和最低的硬度参数。

用黑画笔将衣服部分涂抹出来，还是一笔涂抹完成，中间不能松开鼠标。

一笔涂抹完成后，选择“编辑\渐隐画笔工具”命令，在弹出的“渐隐”对话框中，将滑标逐渐向左移动，降低涂抹的不透明度，看到涂抹的人物脸部颜色满意了，单击“确定”按钮退出。

如果没能做到一笔涂抹完成呢？教给你一个小窍门：用黑色画笔将需要的地方涂抹完成，不管用了多少笔都行。这时工具箱中背景色应该是白色。按Ctrl+Delete组合键填充白色。然后即做渐隐，方法一样，效果一样。

调整局部色调

感觉天空过亮。

要调整图像局部影调，最好还是专门建立一个调整层来做。

在图层面板最下面单击创建新的调整层图标，在弹出的菜单中选择“曲线”命令，建立一个新的曲线调整层。

在弹出的“曲线”面板中，选择直接调整工具。用鼠标按住天空位置向下移动鼠标，看到曲线上相应的控制点也向下移动。可以看到在反冲效果中，高光压暗画面会偏品红。

整个图像的影调都变化了，查看工具箱中背景色为黑色，按Ctrl+Delete组合键，在蒙版中填充黑色，刚做的调整效果完全被遮挡。

在工具箱中选择画笔工具，前景色设置为白色。在图像中单击鼠标右键，在弹出的画笔面板中设置所需的画笔直径和最低的硬度参数。

用白色画笔把刚刚调整的天空部分涂抹出来。

还想尝试将图像的四周适当压暗，以突出主体部分。

在工具箱中选择画笔工具，前景色设置为黑色。在图像中单击鼠标右键，在弹出的画笔面板中设置所需的画笔直径和最低的硬度参数。

在图层面板上单击刚才做过的色阶调整层的蒙版图标，激活进入色阶调整层的蒙版操作状态。

用直径很大的黑色画笔在图像的边缘适当涂抹，可以看到在蒙版的遮挡下，图像的边缘部分恢复了最初的暗调子。

最终效果

调整成反冲效果后，片子表现出一种幽静、忧伤的情调，表达了摄影人对古村落的怀旧情怀。这样的效果似乎比原片更具情感和艺术的感染力。

不论是正片负冲还是负片正冲，不论是有意为之还是偶尔失误，反冲给我们的是一种特殊味道，是打破常规思维模式的一种探索。反冲很难说有一组固定的参数和影调色调标准，不同的片子用同样的方法都会得出不同的结果。那么，究竟哪种影调和色调能符合您的意愿，这就是您自己的喜好了。在这个实例中告诉您的是最基本的方法，一是原片的弱反差影调，二是曲线调整层的反冲模式设置。

色彩为艺术而跳动 30

色彩不仅是还原物体原有的本色，还应该为提升照片的艺术表现力，极力渲染、营造所需的气氛和环境。根据片子所表现的内容和情绪，主动地调整、制造某种最适合的颜色，或许这些颜色并不符合物体原有的颜色，但却是照片的艺术主题所需要的，那就大胆地做。让色彩为艺术而跳动。

准备图像

打开随书“学习资源”中的30.jpg文件。

空山新雨后，走在小路上，眼前几片霜映红叶，远处几重雾雨濛濛，忍不住拍下了这个幽静的画面。

首先按照片子的正常影调做调整。

调整色调影调

感觉原图色彩暗淡，先将色彩饱和度提高。

在图层面板最下面单击创建新的调整层图标，在弹出的菜单中选择“色相/饱和度”命令，建立一个新的色相/饱和度调整层。

在弹出的“色相/饱和度”面板中先将饱和度适当提高。

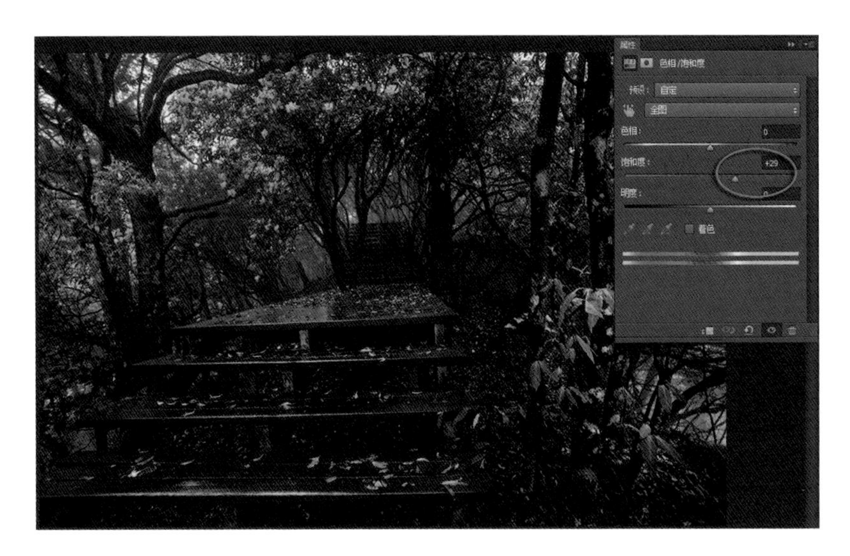

打开颜色下拉列表，选择“红色”。

将饱和度滑标向右适当移动，提高红色的饱和度。

打开颜色下拉列表，选择“黄色”。

将饱和度滑标向右适当移动，提高黄色的饱和度。

提高红色和黄色的饱和度，使植物看起来有青翠欲滴的感觉。

打开颜色下拉列表，选择“蓝色”。

将饱和度滑标向右适当移动，提高蓝色的饱和度。

提高蓝色饱和度，使远处雾蒙蒙的，感觉空间更清澈。

片子的整体影调偏暗。

在图层面板最下面单击创建新的调整层图标，在弹出的菜单中选择“色阶”命令，建立一个新的色阶调整层。

在弹出的“色阶”面板中，将右侧的白场滑标向左移动，放到直方图右侧起点位置。将中间灰滑标稍向右移动一点，这样使图像中的色彩更显鲜艳。

现在图像的影调和色调都舒服了。片子调整到这一步已经满意了。

转换黑白影调

但是我们希望尝试更有现代绘画意识的调子。

先转换黑白模式。

在图层面板最下面单击创建新的调整层图标，在弹出的菜单中选择“黑白”命令，建立一个新的黑白调整层。

可以看到图像变成灰度效果了。

先回到图层面板。

打开当前层上的图层混合模式下拉列表，选择“差值”模式。

可以看到，图像在差值模式的作用下，变成一种很暗的怪色彩。

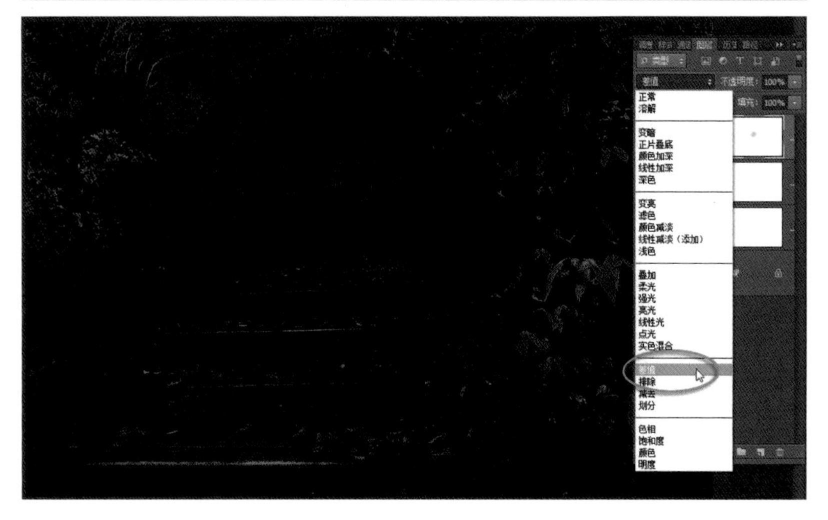

在图层面板上，双击当前黑白调整层的图标，再次打开黑白调整层面板。

先将红色和黄色滑标都移动到右侧，可以看到植物的颜色变为强烈的冷色。给人一种月光下的清凉感觉。

将红色和黄色滑标都移动到左侧，可以看到植物的颜色恢复为本色，但效果很强烈。

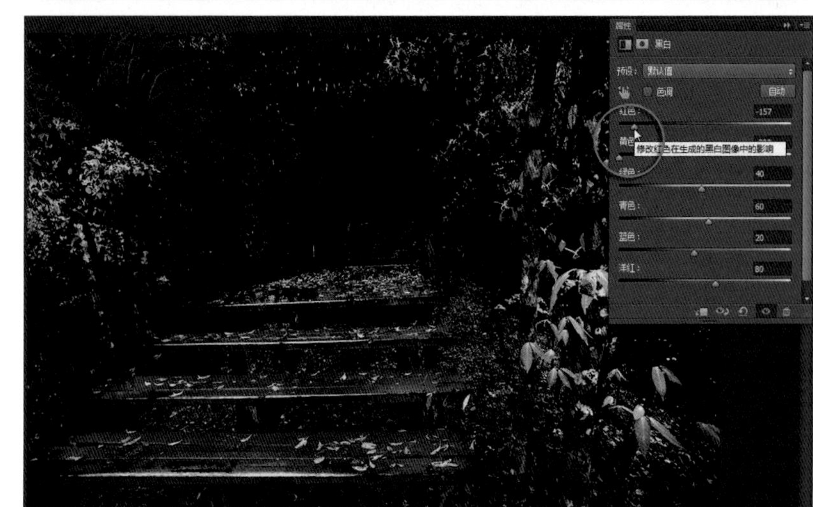

将青色和蓝色滑标都移动到右侧，可以看到图像中原本的冷色部分变成了暖色，很有古典绘画的效果。

将青色和蓝色滑标都移动到左侧，可以看到图像中原本的冷色部分变成为更强烈的蓝青色，很有梦幻的效果。

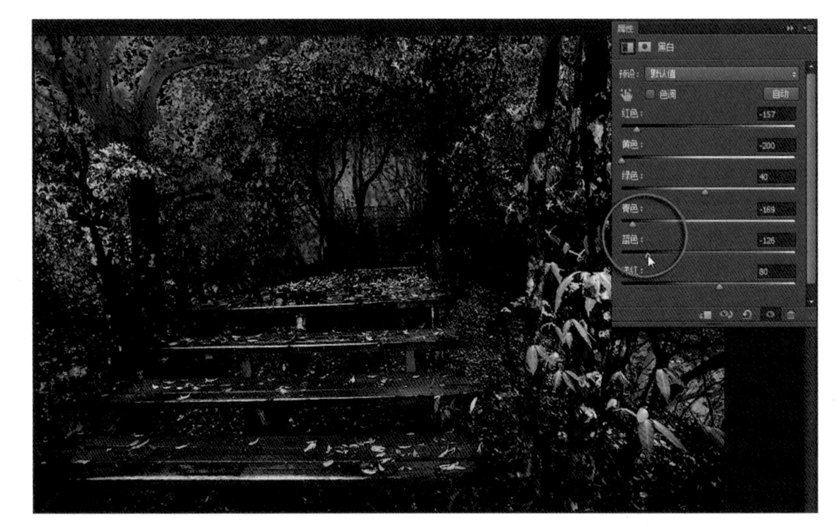

还可以尝试将红色和黄色做反向设置。

当红色滑标在左侧，而将黄色滑标移动到右侧时，原本暖色调的植物就如同舞台彩色特效灯光照射的科幻效果。

也可以尝试将红色滑标放在最右侧，而将黄色滑标放在最左侧。

再尝试将青色和蓝色也做反向设置。将蓝色滑标移动到最右侧，还可以将绿色滑标也做移动。发现原本冷色调的环境变得颇具神秘味道，整个画面呈现童话般的效果。

一般来说，红色和黄色参数对于图像中的暖色调起作用，青色和蓝色参数对于图像中的冷色调起作用。而绿色和品红色在图像中的作用不大。

不同的参数组合可以呈现不同的色彩效果，越靠近两端，色彩变化越强烈。

最终效果

经过调整，原本很写实的照片，变成各种色彩不同的现代绘画色调效果。这种色彩调整，没有统一的是非标准，而是更突出了个性化的色彩效果，或艳丽，或魔幻，都依个人喜好而定。摄影并不是必须丝毫不差地拍摄场景，摄影与绘画很多地方是相通的，而绘画的门槛很高，那么，我们何不利用摄影后期处理，过一把绘画的瘾呢？

并非只有这张照片能够处理成这样的效果，大多数照片都可以做出这样的效果。

特地为读者再提供了一张素材照片，这是一张非常普通的树林中溪水小石径的照片。

基本操作步骤就是提高原片的色彩饱和度，适当提高亮度，转换黑白，设置图层混合模式为“差值”，然后随心所欲地调整参数就行了。如果对图像的影调或色调不满意，还可以重新打开前面的色彩调整层和影调调整层，重新调整色彩和影调参数。

至于调整成什么样好，这完全是操作者自己的爱好了。

色调倾诉心声 31

色彩是有感情表达的，色调是有感情倾向的。一张照片处理成某一种色彩和色调，是为了表达作者强烈的内心感情的。或热烈奔放，或悲壮激昂，或冷凝沉默，或轻柔婉约。画面中景物的形态表达摄影者的主观感受和意图，然后再经过后期处理，赋予性格鲜明的色彩，形成倾向性的色调，烘托起更强烈的气氛，让片子更感人。

准备图像

打开随书“学习资源”中的31.jpg文件。

在一座火山脚下看到这个场景，令人很有感触。当年，面对滚滚而来的炙热岩浆，它巨大的身躯被吞噬了，若干年后，就在这棵大树悲壮地倒下的地方，一片新生的簇绿显示勃勃生机，面对高天，面对大海，我们听到的是一曲生命不息的赞歌。

首先按照片子的正常影调做调整。

压暗天空影调

原图天空过亮。

要压暗天空，先载入天空的选区。打开通道面板，按住Ctrl键，用鼠标单击反差最大的蓝色通道，载入蓝色通道选区，看到蚂蚁线了。

注意：这里只是载入蓝色通道选区，并没有进入蓝色通道。现在看到的图像是彩色的，仍然处于RGB复合通道状态。

回到图层面板，在图层面板最下面单击创建新的调整层图标，在弹出的菜单中选择“曲线”命令，建立一个新的曲线调整层。

在弹出的“曲线”面板中选择直接调整工具。将光标放在天空云彩的暗处，按住鼠标向下移动。看到曲线上相应的控制点向下压，让曲线与直方图形状大致相符。

提亮地面影调

再来调整地面影调。

首先要载入地面选区。

按住Ctrl键，用鼠标在图层面板的曲线调整层中单击蒙版图标，看到蚂蚁线了，这样就载入了曲线调整层的天空选区。

选择“选择\反向”命令将选区反选。

有了地面的选区了。

在图层面板最下面单击创建新的调整层图标，在弹出的菜单中选择“曲线”命令，建立第二个曲线调整层。

在弹出的“曲线”面板中，选择直接调整工具，在图像中右侧地面新生植物的亮处按住鼠标稍向上移动，看到曲线上相应的控制点向上抬起了，图像变亮了。然后在曲线靠近阴影暗处的位置建立一个控制点，将这个点略向下压一点，让这里的曲线复位。

现在看，感觉地面的影调亮了，反差增大了，整体影调变舒服了。

再次压暗天空影调

虽然天空的层次已经出来了，但是感觉还想让天空的上半部分更暗一点比较好，一方面为下一步更能衬托出地面，另一方面也使天空更有层次。

再次在图层面板最下面单击创建新的调整层图标，在弹出的菜单中选择“曲线”命令，建立第三个新的曲线调整层。

在弹出的“曲线”面板中，选择直接调整工具，再次按住云彩的暗处向下压。看到曲线中间产生一个控制点向下压，天空更暗了。在曲线的亮调位置建立一个控制点，稍向下压一点，为的是让天空的云彩层次更细腻。

第三个曲线调整层只管天空的上半部分。

在工具箱中选择渐变工具，设置前景色为黑色，在上面选项栏中设置渐变色为前景色到透明，线性渐变方式。

用渐变工具在海天交界的地方从下向上，从地面到天空的一半位置拉出渐变线，在蒙版的遮挡下，只有天空的上半部分更暗了，其他部分恢复原状。

天空调整好了。

调整色调

想调整照片的色调，让片子偏暖调，以突出生命的希望。这只是个人的喜好与尝试，并不是固定的模式。

在图层面板最下面单击创建新的调整层图标，在弹出的菜单中选择“色彩平衡”命令，建立一个新的色彩平衡调整层。

在弹出的“色彩平衡”面板中，默认是中间调。将第一个滑标和第三个滑标向左移动，画面的中间调部分开始偏绿。

打开面板上的色调下拉列表，选择“高光”。

将第一个滑标向右增加红色，第三个滑标向左增加黄色。这样就在画面的亮调中增加了暖色的红色和黄色。

打开面板上的色调下拉列表，选择“阴影”。

将第一个和第三个滑标都向右移动，分别增加红色和蓝色。也就是说在图像的阴影中增加了品红色。

经过这样调整，片子的色调偏暖了。这不是必须的做法，而是依个人的喜好，使片子的环境给人一种暖融融的感觉。

到这里，这张片子的调整可以算完成了。但总感觉意犹未尽，感觉这个片子还缺乏一种视觉冲击力，还可以尝试进一步调整。

转换黑白

在图层面板最下面单击创建新的调整层图标，在弹出的菜单中选择“黑白”命令，建立一个新的黑白调整层。

在弹出的“黑白”面板中，尝试各种参数组合效果。例如，略降低红色参数值，枯树干暗了。大幅度提高黄色参数值，新生植物亮度大大提高。把青色和蓝色参数值降到最低，天空暗下来了，云彩更突出了。

尝试保留一点弱彩色的效果。

图层面板上，当前层是黑白调整层，打开上面的不透明度，将滑标慢慢向左移动，看到图像中的色彩逐渐恢复。感觉放在70%左右片子的整体效果看起来比较满意。

为了突出植物生与死的对比，要将植物还原色彩。

在工具箱中选择画笔工具，前景色为黑色，在上面选项栏中设置合适的笔刷直径参数和最低硬度参数，将图像中倒下的树干和新生的植物涂抹出来。对于不同的地方，需要调整画笔的直径大小，以适应涂抹的需要。

在蒙版的遮挡下，枯树干和新生植物的色彩复原了。

这样的涂抹不可能做得十分精准，还需要仔细修饰蒙版。

按住Alt+Shift组合键，在当前层上用鼠标单击蒙版图标，进入快速蒙版状态。

在工具箱中选择画笔工具，前景色设置为黑色。在图像中单击鼠标右键，弹出画笔设置面板，设置合适的笔刷直径和较高的硬度参数。

对于边缘非常清晰的地方，用硬度较高的画笔去修饰。超出了范围的地方，按X键转换前景色与背景色，用白色画笔去除超过范围的地方。

对于十分精细的地方，需要将图像放大。在工具箱中选择放大镜，用放大镜在图像中将需要精细修饰的地方放大。然后用画笔仔细修饰，看着半透明的红色，蒙版中黑色涂抹是选区之内，白色涂抹是选区之外。

修饰树干用硬度参数较高的画笔，以使边缘清晰。修饰新生植物用最低硬度参数，边缘不必太清晰。

在工具箱中双击抓手工具，图像恢复在桌面上最佳显示比例，完整显示图像。

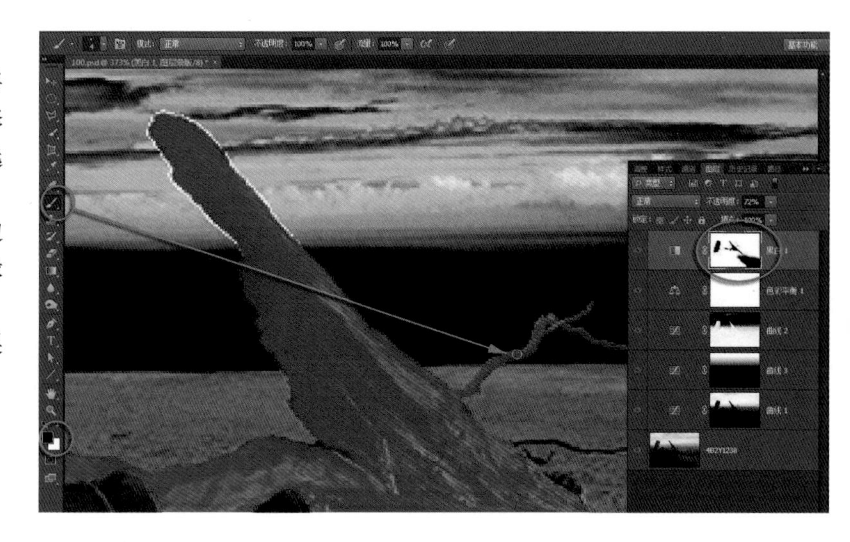

再次处理树干与植物。

现在感觉树干与新生植物的影调和色调还不到位，还想再做强调。

首先要载入它们的选区。

按住Ctrl键，用鼠标在图层面板上单击当前黑白调整层的蒙版图标，载入蒙版的选区。看到蚂蚁线了，但这还不是我们要的选区。

选择“选择\反向”命令将选区反选，这才是我们需要的枯树干和新生植物的选区。

在图层面板最下面单击创建新的调整层图标，在弹出的菜单中选择“黑白”命令，建立第二个黑白调整层。

在弹出的“黑白”面板中，分别将红色和黄色的滑标向右移动，可以看到，树干和新生植物的亮度大大提高了。

回到图层面板。

打开当前层的图层混合模式下拉列表，逐一尝试各种不同的图层混合模式，感觉“强光”模式效果比较合适。

再打开当前层的不透明度参数，将滑标逐渐向左移动大约在40%，直至看到树干与新生植物的影调和色彩都满意。

到此，我们要做的调整可以算是完成了。

我们做了6个调整层，现在可以尝试关闭某个调整层。不同的调整层组合，可以产生不同的效果。还可以尝试重新打开某个调整层，改变原有的调整参数，也会产生各种不同的效果。千变万化，绚丽多彩。

最终效果

经过这样6个调整层的操作，图像呈现出一种苍凉冷峻的氛围，天很高，云很重，海很远，地很静。岁月流过，岩浆不再凶狠，枯树沉默，昔日的拼杀变成今天的相依。就在这里，新生的植物已经慢慢萌出，假以时日，它们还会有高大茂盛的那一天。

所有的氛围，是我们用调整层营造的。突出了图像中各种元素，但在色调上，给予轻重缓急的安排。用色彩的转换，强调植物主体，突出了对生生不息主题的赞颂。

用色调吸引读者，用色调感染观众，用色调倾诉摄影人的心声。

用心欣赏夕阳，拍摄夕阳

在长城上等夕阳，看夕阳，拍夕阳，伴随着夕阳在远山慢慢落去，这个过程是一个令人十分陶醉的过程。

夕阳衔山的那一刻，是一个非常安静的时刻，一个转瞬即逝的时刻，一个期盼凝结的时刻。

在这样的时空里，摄影人拍摄的不仅是眼见的景物，更重要的是那种气氛。“夕阳无限好，只是近黄昏。”有文人诠释这首唐诗名句的含义，不是悲伤，而是赞美。正是因为黄昏，才使夕阳更显娇艳。

我们不是为了拍夕阳而拍夕阳，我们更要注重的是夕阳与身边环境的融合，更觉感动的是夕阳与残长城的呼应，这是一种时空穿越的感觉。在残阳如血，苍山如海的那一刻，从残长城的敌楼箭窗里望去，如同用双眼看环宇，有朦胧，有苍茫，有历史，有今朝。赶紧找好拍摄机位，迅速做好相机参数设置，测光、合焦、构图。透过两个拱形的箭窗剪影向外望，夕阳放在画面的黄金分割点上，轻轻按下快门，完成第一张片子的拍摄。马上在相机上回放，检查影像，继续拍摄。

夕阳是耀眼，天边是暖红，高天是暗蓝，远山是剪影。近景的长城敌楼是立体的，向光的那面反射天光的暖调，而背光面是冷峻的暗影。

相机快门声是伴随着夕阳渐隐的过程自始至终不停的，前后大概就是那么三五分钟。

激动的心情随着夕阳完全落去而重归平静。

回来再看拍过的片子，天地明暗的反差非常大，而这是预料之中的。由于设置了RAW格式，所以对大反差场景的调整是心中有数的。

把高亮调的天空压暗，突出强调夕阳的暖调与苍山的冷调对比。把长城敌楼内暗影的层次提升，能够清晰地看到砖石的铿锵力度与倔强身姿，整个画面的层次得到极大的丰富。经过影调和色调的处理，感觉画面中的景物更亲近了。

这就是我们对夕阳的欣赏，对夕阳的歌颂，对夕阳的陶醉。欣赏夕阳是需要那一刻的心境的。

走进荒芜也动情 32

很多时候是受到拍摄条件的限制而发生色彩上的问题。例如在某种特定环境中，无法避免偏色，无法得到所需的影调和色调。那么，后期调整的目标就是，把景物本来应有的影调和色调调整回来，进而把自己对于景物的理解和感情也通过后期调整表达出来。

把纪实的照片，调整为有艺术倾向的作品，在这里色彩的作用非常重要。

准备图像

打开随书“学习资源”中的32.jpg文件。

车行戈壁滩，满眼荒芜，感慨大自然的冷酷。大轿车的有色玻璃窗无法打开，车速也不慢，还是抑制不住想拍摄的冲动。于是将相机设置ISO400，F3.5，S1/6400，EV-0.33，隔着有色的车窗拍摄了一些照片，回来反复观看，挑选出这张照片。

调整影调

因为是隔着有色玻璃车窗拍的，片子的影调和色调都有问题。

先调影调。

在图层面板最下面单击创建新的调整层图标，在弹出的菜单中选择“色阶”命令，建立一个新的色阶调整层。

在弹出的“色阶”面板中，按照直方图的形状，分别将黑场滑标和白场滑标移动到直方图的左右两端，将中间灰滑标适当向右移动一点，图像的影调看起来舒服了。

校正偏色

因为片子是隔着有色玻璃拍的，肯定偏色了。

在图层面板最下面单击创建新的调整层图标，在弹出的菜单中选择“曲线”命令，建立一个新的曲线调整层。

在弹出的“曲线”面板中选择中性灰吸管。判断图像中哪里应该是原本黑白灰的物体。首先在乌云上单击鼠标，看到曲线上红色曲线抬起，蓝色和绿色曲线稍有下压。

按F8键打开“信息”面板。用颜色取样器工具分别单击乌云和沙地，建立两个取样点。

判断这两个点应该是原本为灰色的物体。分析这两个参数，当乌云取样点已经恢复为RGB等值的时候，沙地的取样点数据偏红。现在看整个片子还是觉得色调偏红。

再次选择曲线面板中的中性灰吸管。用这个中性灰吸管单击沙地，可以看到曲线面板中红色增加了一点点，绿色减少了一点点。现在沙地的RGB等值后，片子的色彩感觉比较符合自然情况。

要突出画面中干涸的地面，加强这个局部的反差。

在图层面板最下面单击创建新的调整层图标，在弹出的菜单中选择“曲线”命令，建立第二个新的曲线调整层。

在弹出的“曲线”面板中选择直接调整工具。在中间地面上选择中间亮度的地方按住鼠标向上移动，看到曲线上相应的控制点也向上抬起曲线。在地面的暗处按住鼠标向下移动，将曲线相对应的位置压下来。地面的反差加强了。

这个调整层是专门用来解决画面中间干涸地面的反差的。先在蒙版状态下填充黑色，当前层调整的效果暂时被遮挡。

在工具箱中选择画笔工具，设置前景色为白色，在上面选项栏设置很大的笔刷直径和最低的硬度参数。用白色画笔把地面中间部分涂抹出来，干涸的地面感觉强烈了。

再来压暗天空和四周的地面。

在图层面板最下面单击创建新的调整层图标，在弹出的菜单中选择“曲线”命令，建立第三个新的曲线调整层。

在弹出的“曲线”面板中选直接调整工具，在天空的暗处按住鼠标向下移动，将曲线相对应的位置压下来。整个图像都暗下来了，主要看天空的影调满意为止。

这个调整层主要是管天空的。

用前景色为黑色的大直径画笔把地面中间部分涂抹回来，让天空保留压暗，画面最下面的地面也保留一些暗角。

现在影调处理得舒服了，画面中间干涸的地面在较暗的天空映衬下更显突出。

片子到现在可以算完成了。

处理艺术色彩效果

还想尝试艺术色彩效果。

在图层面板最下面单击创建新的调整层图标，在弹出的菜单中选择“色彩平衡”命令，建立一个新的色彩平衡调整层。

在弹出的“色彩平衡”面板中，先将第一个滑标向左移动，增加青色。第三个滑标稍向右移动，增加一点蓝色。现在图像的中间调部分偏青。

打开面板上的色调下拉列表，选择“高光”。将第一个滑标稍向右移动，在图像中的高光部分稍稍增加了红色。

打开面板上的色调下拉列表，选择“阴影”。将第三个滑标稍向左移动，在图像中的阴影部分稍稍增加了黄色。

这样处理在中间调增加冷色，在高光和阴影中增加暖色，图像看起来色彩发生了变化，但这不是偏色，而是在不同的影调中强调某种色调。

感觉干涸地面远端太亮，抢了近景的效果，需要再压暗。

在图层面板最下面单击创建新的调整层图标，在弹出的菜单中选择“曲线”命令，建立第四个新的曲线调整层。

在弹出的“曲线”面板中先将曲线右上角的最亮点向下移动。然后选直接调整工具，在干涸地面最亮的地方按住鼠标向下移动，把近处的地面也向下压，现在整个影调都暗下来了。

这个调整层是专门为了处理远处的地面影调的。

在工具箱中选择画笔工具，设置前景色为黑色，在上面选项栏中设置合适的笔刷直径和最低硬度参数。用黑色画笔将天空和地面的中间部分涂抹掉，使这些地方恢复刚才的影调。

尝试弱饱和度效果

在图层面板最下面单击创建新的调整层图标，在弹出的菜单中选择“黑白”命令，建立一个新的黑白调整层。

在弹出的“黑白”调整面板中，根据黑白素描关系，提亮近景主体干涸的地面，压暗天空。可以尝试不同的参数组合效果，并没有唯一正确的参数。

回到图层面板，打开最上面的不透明度，将滑标逐渐向左移动，看到弱饱和度的效果显现出来，直到满意为止。

最终效果

这里我们建立了7个调整层，将原本偏色、影调暗淡的图像，分别调整出多种效果。色彩从偏色到校正偏色，再到追求艺术色调效果，不断转换。究竟需要用什么样的色彩来强调突出什么样的感受，表达什么样的主题，这些都需要多样化的尝试。

杂谈

如何正确地表现色彩

一张照片应如何正确地表现色彩呢？这是一个很难回答的问题。

没有光，就没有色。而在光线的照射下，不同的物体反射不同的光线，表现出不同的颜色。判断一张照片的颜色，我以为应该是两个方面：一是科学的依据，二是艺术的表现。

光线是物理的范畴，这里一定是科学的。因此我主张，按照光学的原理，以中性灰为基本原则，判定和校正颜色。没有这样一个基本原则就没有色彩调整的基本规矩，没有这个规矩也就无所谓偏色，谁都可以说自己片子的颜色是正确的，那就乱套了。因此，按照中性灰的基本原则判断颜色是否偏色，以此校正图像的偏色，这是科学的，是严谨的，是符合色彩的基本规律的。

当然，并不是每一个场景中都能有中性灰，不是每一张照片中都能找到中性灰取样点。例如，蓝天中飘舞的红旗，绿草中摇曳的黄花，这样的场景中就没有真正的中性灰。

而摄影中对于色彩的表现是艺术创作，在我们的意识中色彩是有感情的，是有倾向性的。用什么样的色彩去表达什么样的感情，是有大众公认的欣赏理念的。因此，在摄影创作中，调动色彩元素，表达色彩情绪，这是摄影人主观意识的作用。我们在自己的作品中强调花海的艳红、园林的幽绿、海天的蔚蓝、田野的金黄，这些都是为了表达摄影人的心理感受，是为了感动自己、感动大家。

在艺术创作的过程中，我们通过色彩传达我们的感情，因此这时物体的色彩已经超脱了它的本色。照片中的色彩经过我们的处理，或强烈了，或暗淡了，或变色了，这都是我们赋予色彩的感情。没有这些合适的色彩来表达我们的感情，照片本身就会缺乏感染力，缺乏冲击力。尽管这时这些色彩与其本色已经有了很大的差异，但这是艺术高于生活的创作需要，是大众审美价值观的需要。我们通常都认为舞台上光影和色彩效果非常美，比现实场景更美，更感人，就是这个道理了。

由此说来，色彩的表现应该是科学与艺术的结合。科学是1+1必须等于2，艺术是1+1不一定等于2。科学与艺术不应该是矛盾的，找到那个最佳结合点，拿捏好那个分寸，这不仅是一个技术问题和艺术问题，更是一个文化问题，一个哲学问题。

海风吹海浪涌 33

风光摄影要靠天吃饭。但是我们也常说“坏天出好片”，而好片不仅靠前期拍摄的真功夫，还要靠后期处理的硬功夫。对于色彩的把握，不仅靠对颜色的感觉，而且靠对于色彩命令的深入了解和熟练操作。这个典型实例说明了通道控制色彩的方法和作用。

准备图像

打开随书“学习资源”中的33.jpg文件。

台风即临，海风呼啸，阴云密布，天光昏暗，海浪奔涌，苇草尽折。当时风吹得人打晃，面对大海时满脸雾水，不知是雨还是浪花。勉强侧身站稳，迅速拍摄了这张照片。

感觉影调偏灰，天空过亮，地面太暗。这只是影调问题。从色彩上说，我希望天空能偏蓝一点，既增加生气，也能与右下角黄色的苇草形成对比。这就是后期要处理的主要内容。

调整地面影调

先来调整岸上的景物。

为岸上的景物建立一个选区，可以有多种方法，这里用色彩范围命令来做。

选择“选择\色彩范围”命令，打开“色彩范围”对话框，将光标放在图像中苇草的位置单击鼠标，在对话框中调整颜色容差滑标，使缩览图中地面景物部分与天空和海水部分尽量分开。单击“确定”按钮退出。

看到蚂蚁线了。

在图层面板最下面单击创建新的调整层图标，在弹出的菜单中选择“色阶”命令，建立一个色阶调整层。

在弹出的“色阶”面板中，按照直方图的形状，将右侧的白场滑标向左移动到直方图的右侧起点，再将中间灰滑标适当向右移动，看到图像中苇草、海滩的地面景物影调正常了。

海面上也有部分景物处于选区之内，也被调整了，这需要修复。

在工具箱中选择画笔工具，设置前景色为黑色。在画面中单击鼠标右键，在弹出的画笔选项面板中设置合适的笔刷直径和最低硬度参数。

用黑色画笔将天空和海水部分全部涂抹回来。海水与芦苇相交的地方，不容易涂抹成界限分明，不如就用更大的笔刷忽略边缘涂抹。

处理海天影调

然后来处理海面和天空的影调。

按住Ctrl键，在图层面板中，用鼠标单击当前调整层的蒙版图标，载入当前层的蒙版选区，看到蚂蚁线了。

现在载入的是地面景物的选区，因此还要将选区反选。

选择“选择\反向”命令将选区反选。

在图层面板最下面单击创建新的调整层图标，在弹出的菜单中选择“色阶”命令，再建立一个新的色阶调整层。

在弹出的“色阶”面板中，按照直方图的形状，将右侧的白场滑标向左移动到直方图的右侧起点位置，将左侧的黑场滑标向右移动到直方图的左侧起点位置，再将中间灰滑标适当向右移动一点，看到海面和天空的整体影调大体舒服了。

压暗天空

为了强调台风的气氛，需要适当压暗天空，以表现地面的苇草。

在图层面板最下面单击创建新的调整层图标，在弹出的菜单中选择“曲线”命令，再建立一个新的曲线调整层。

在弹出的“曲线”面板中，选择直接调整工具，在图像中天空的亮点处按住鼠标适当向下移动。在天空的暗点处按住鼠标适当向下移动。这样一来，天空的整体影调被大幅度压暗，更显天空沉重。

还得将同时被压暗的地面和海面景物恢复回来。

在工具箱中选择渐变工具，设置前景色为黑色，在上面选项栏中设置渐变颜色为前景色到透明，线性渐变方式。

用鼠标在图像中海天交界的地方从下向上拉出渐变线，在蒙版的遮挡下，海面和地面的景物恢复了刚才的影调。

调整天空色调

按说到现在这张图的调整已经算完成了，但是观察图像，感觉天空颜色几乎是黑白的，这在绘画中会使画面显得有些脏。我们希望将天空的颜色适当偏蓝色，由于黑白灰不能直接做色轮旋转，因此还是用通道来做更合适。

首先像刚才一样，载入色阶2调整层中蒙版的选区，看到蚂蚁线了。在图层面板最下面单击创建新的调整层图标，在弹出的菜单中选择“曲线”命令，再建立一个新的曲线调整层。

在弹出的“曲线”面板中，首先打开通道下拉列表，选择红色通道。

在面板中选择直接调整工具，在图像中天空的亮点处按住鼠标适当向上移动，在天空的暗点处按住鼠标适当向下移动。这样就在天空的亮处增加了红色，而暗处没有增加红色。

要使天空颜色好看，需要加适当绿色，以使亮调部分偏暖橙色，暗调部分偏蓝青色。

在面板中打开颜色通道，选择绿色通道。用鼠标在图像中天空亮点处按住鼠标向上移动，在天空暗点处按住鼠标让曲线比原点稍高一点。在曲线中间建立一个控制点，将其大致放在原点处。这样就为天空的亮调部分增加了绿色，按照RGB三原色原理，亮调部分偏橙红色。而暗调部分稍加了一点绿，以使其能偏蓝青色。

在面板中打开通道下拉列表，选择蓝色通道。在图像中天空最暗的地方按住鼠标稍向上移动，使天空暗调增加蓝色。

还要在曲线的中间位置建立一个控制点，将其移动还原到曲线原点，不让天空的亮调部分增加蓝色。

在面板中打开通道下拉列表，选择RGB通道。

要根据图像的整体影调关系来调整天空影调。仍然是使用直接调整工具，在天空的亮点处按住鼠标适当向下移动，使天空亮点与苇草亮点大体相当。再将天空暗点部分适当提高一点，以免天空太压抑。

从这里可以看到红绿蓝3条曲线调整的综合状态，仔细体会其中的作用和意义。

最终效果

经过这样的调整，不仅片子的影调舒服了，而且片子的色调也舒服了。偏蓝青色的阴云天空中有一点暖色，表现着希望。天空的冷色与岸边苇草的暖色形成非常鲜明的对比，表现了力量的角逐和情绪的激昂。

白浪滔滔，冷风瑟瑟，蒹葭苍苍，海天茫茫，如此场景，令人心情难平，荡气回肠。片子表现了情绪，色彩是有力的推手。

灰度轴双圆锥色彩空间

立体色彩空间的表述有助于我们理解RGB三原色的关系，理解我们需要的某一种颜色具体位于这个立体色彩空间的哪个位置，进而使我们能够清楚地知道，我们要改变这个颜色时，应该加减哪个颜色参数。

传统的RGB立体色彩空间是按照RGB 3个坐标建立一个立方体。我自己为了弄懂这个色彩空间费了好大的劲。我想我们能不能换一种思维方式，按照HSB的方式建立一个立体色彩空间呢？于是我尝试把这个色彩空间表述为双圆锥形。

在双圆锥色彩空间中，中间是红绿蓝青品黄的360度色轮盘，中间是128的灰。色轮盘的边缘是纯色。

中心立轴自下而上灰度从0至255。下半锥称为0面锥，自下而上灰度值从0开始到127.5锥的横切圆半径等于立轴灰度值，每个横切面都是一个色盘，色彩分布与标准中心色盘相同，色度表面为零中心正好等于灰度轴上的相应灰度值，对侧则按此规律增加。因此，任意一个横截面圆的色度最高值为2倍的相应灰度值。下半部0面锥在灰度值127.5时与中心色盘相同。中心灰度为127.5，每个颜色最高值为255，对侧最低值为0。

从中心色盘开始，上半锥称为255面锥，自中心向上。中心灰度轴的值从127.5 增加至255。圆锥每个中心灰度值横切面为一个相应色盘，色盘的半径等于255减去中心灰度值。色彩分布与标准中心色盘相同表面色度为255，按半径值向中心递减，对侧则按此规律递减至色盘边缘，每个颜色最小值为255减去中心灰度值的2倍。上圆锥顶点所有色度值为255，灰度为白色。

这样一来，任何一个颜色都应该在这个双圆锥之中。颜色越向上越亮，越向下越暗；越向外饱和度越高，越向内饱和度越低。按照这个思路是否可以推断改变某个颜色需要加减哪些参数值。

我这个想法并不严谨成熟。跟许多学美术的人一讲，人家居然说听懂了。跟许多学理工的人一讲，人家都说不靠谱。

暂且先放在这里供大家批判吧。

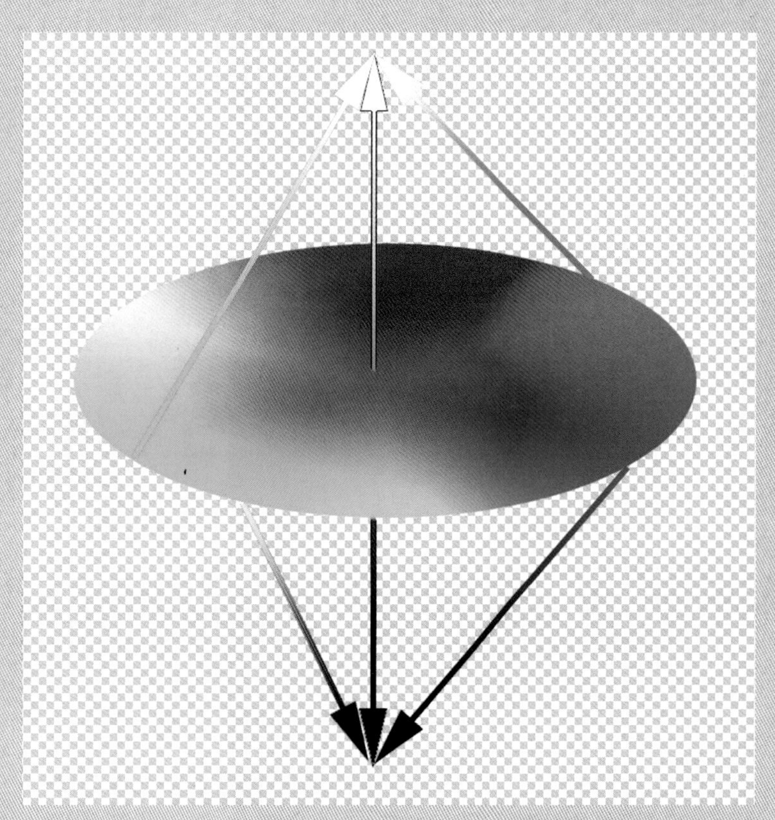

劲舞青春炫起来 34

色彩可以营造和调节气氛，但是单色处理的效果就像使用了某种颜色滤镜，整体偏色并不一定舒服。为了夸大颜色效果，可以尝试用渐变映射的方法，为图像中不同明暗的地方映射不同的颜色，这就可以使照片中的颜色随心所欲地舞动起来。

使用渐变映射让颜色营造气氛，并非只是当前实例中这个照片管用，我们讲的是方法和思路，这个操作方法对于表现城市现代节奏类的内容都很适合，关键在于如何设置颜色。渐变映射的操作完全是个性化的。同一张片子，不仅每个人做出来不一样，甚至每一遍做出来都不一样。

准备图像

打开随书“学习资源”中的34.jpg文件。

在展览会上看到她们很投入地劲舞，拍摄了这张照片。舞姿不错，情绪不错，但是没有舞台灯光的渲染，没有劲舞的气氛，只是一张拍摄纪录照片。为了使片子产生与劲舞相符的氛围，考虑使用色彩来调节气氛。

建立渐变映射调整层

在图层面板最下面单击创建新的调整层图标，在弹出的菜单中选择“渐变映射”命令，建立一个渐变映射调整层。

看到图像已经变颜色了，您的图像颜色可能与书中实例不一样，没关系，这是与工具箱中的前景色和背景色的颜色有关。

在弹出的“渐变映射”面板中，单击渐变色条右边的三角箭头图标，打开渐变颜色库。

可以依次尝试渐变颜色库中提供的各种渐变颜色映射效果。

需要明白的是：渐变颜色条上的颜色从左到右分别映射图像中从暗到亮的部分。例如，选择蓝色-红色-黄色渐变，则蓝色映射到图像中的暗调中，红色映射到图像中的中间调部分，而黄色映射到图像中的亮调部分。

可以在面板上勾选“反向”选项，则映射的颜色顺序调转了方向。现在蓝色映射到图像中的亮调中，而黄色映射到图像中的暗调部分。红色在中间，仍然映射到图像中的中间调部分。

编辑渐变映射颜色

渐变映射的颜色可以随心所欲地编辑。

在渐变映射颜色库的右上角单击菜单图标，打开下拉菜单，这里有渐变映射的各项设置。

最下面是10套渐变映射颜色库，里面有100多种预设好的渐变映射颜色可供使用。

单击“小缩览图”“大缩览图”选项，可以设置渐变颜色图标的大小。

在颜色库中添加的色标太多了，可以选择“复位渐变”命令，颜色库恢复初始状态。

对现有的渐变颜色不满意，可以自己编辑。

在“渐变映射”面板上单击渐变颜色条可以打开渐变编辑器。在渐变颜色彩条上，单击需要改变颜色的滑标，然后单击色标框中的颜色图标，即可打开拾色器。在拾色器中选择自己所需要的颜色。单击“确定”按钮退出拾色器。

如果认为渐变颜色条上的颜色不够用，可以在渐变颜色条下面单击鼠标，即可增加一个色标，单击颜色图标，再次打开拾色器，可以为新的色标设置所需的颜色。

在渐变颜色条上移动色标的位置，可以设置颜色映射到图像中对应的明暗位置。可以准确地将某个颜色映射到图像中某个灰度中去。

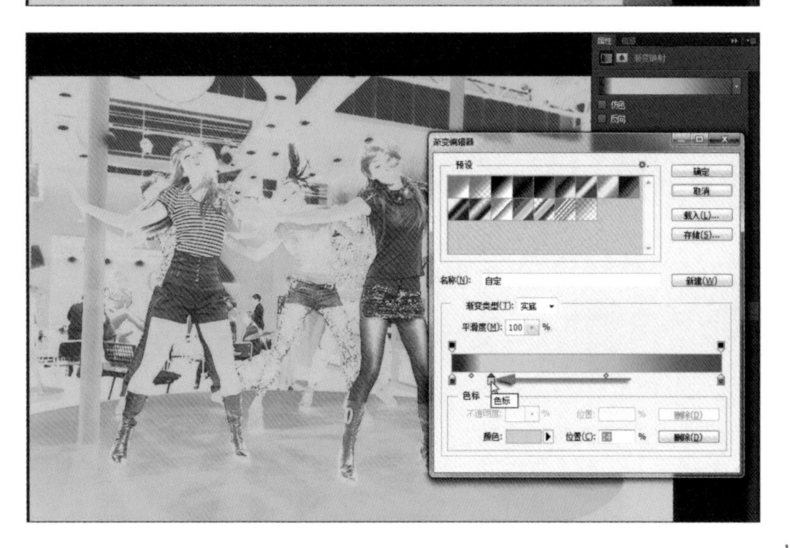

在渐变颜色条下面单击鼠标，可以增加数十个新的色标，设置各种不同的映射颜色。

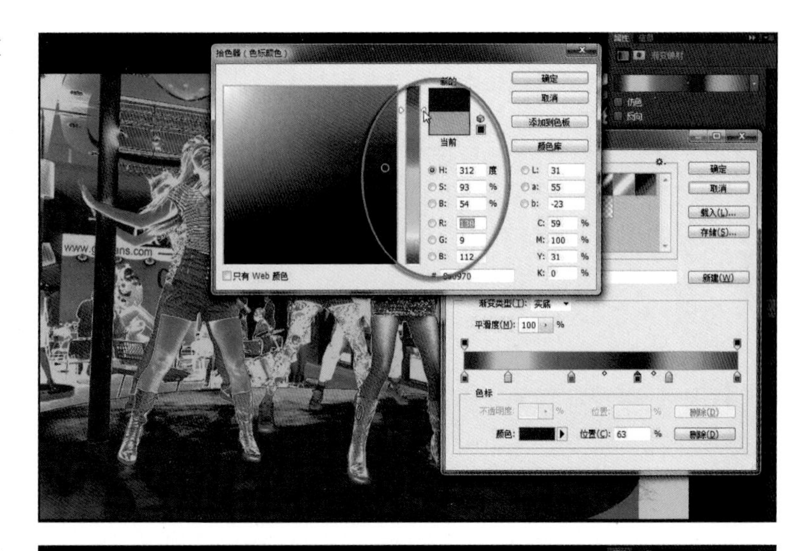

哪个颜色的色标不需要了，就用鼠标按住哪个色标，向下拖曳色标离开颜色条，这个色标就被删除了。

设置好某个新的渐变映射颜色后，可以单击“新建”按钮，将当前设置的新渐变颜色存入渐变颜色库中以备之后使用。

单击“确定”按钮退出渐变编辑器。

设置渐变映射调整效果

再次打开渐变颜色库，选择“铬黄渐变”颜色，这是一个模拟金属高反光的渐变效果。

并不是说必须选择这个渐变颜色，只是针对这张照片经过反复试验，感觉这个“铬黄渐变”用在这里效果更好。

回到图层面板，感觉现在的图像效果好像拍摄胶片时的倒易率失效的负相。

打开图层面板最上面的图层混合模式下拉列表，在弹出的菜单中选择“颜色”命令，看到图像中的影像似乎正过来了。到底用哪个图层混合模式命令合适，这需要反复试验。

感觉图像的影调需要调整。

在图层面板最下面单击创建新的调整层图标，在弹出的菜单中选择“曲线”命令，建立一个新的曲线调整层。

在弹出的“曲线”面板中选择直接调整工具。将图像中暗调部分适当提亮，高光部分稍提亮，而将中间调部分适当压平。这样一来，图像中的暗部层次显现出来了，图像的影调舒服了。

图像调整到这个步骤也可以算完成了。

还想尝试更跳跃的色彩效果。

只想将色彩应用于局部图像。打开通道面板，看到红色通道反差最大。按住Ctrl键，同时用鼠标单击红色通道，载入红色通道选区，看到蚂蚁线了。

注意：现在仍然在RGB复合通道状态，只是载入红色通道的选区，并没有进入红色通道。

回到图层面板，在图层面板最下面单击创建新的调整层图标，在弹出的菜单中选择“色阶”命令，建立一个新的色阶调整层。

在弹出的“色阶”面板中，将黑场滑标和中间灰滑标都大幅度向右移动，压缩了图像中亮调部分的空间，尤其是中间调部分被压暗了。

图像中开始呈现一种强烈的跳跃感，这与照片本身所表现的内容是相符的。

现在感觉人物部分影调怪异。

在工具箱中选择画笔工具，设置前景色为黑色，在上面选项栏中设置合适的笔刷直径和最低硬度参数。

用黑色画笔将舞蹈的人物部分涂抹出来，主要是脸部和上身部分。边缘不必太精细，因为现在的色彩本身也不是按照纪实的要求。

现在的片子看起来有了劲舞的气氛，色彩与人物形态相得益彰。

尝试其他渐变映射效果

并不是只有当前的调整效果是正确的。

在图层面板上，双击渐变映射调整层的图标，再次打开渐变映射面板，再次打开渐变颜色库。可以重新尝试其他渐变颜色的效果。

每一种渐变映射颜色都各有各的味道。

或者艳丽，或者梦幻，或者妩媚，或者诡异。

不要忘了尝试各种参数的设置，比如“反向”往往会得到非常精彩的色彩效果。

如果还想对图像中某个人物某个局部做精细的调整，可以建立新的调整层来处理。

最终效果

经过渐变映射的调整，再加上图层混合模式和蒙版的控制，图像可以产生千变万化的效果。

至于说哪种效果好，这里并无好坏之分，完全看个人的理解和喜好，关键在于操作者对于片子内容的想法。

在具体操作中，要对颜色的渐变映射对象有清楚的理解和把握。要明白在图像的暗调、亮调和中间调对位映射什么颜色。而渐变映射之后，如何设置各种图层混合模式，一靠试验，二靠经验。

使用渐变映射可以产生非常奇妙的色彩变化，这种方法不仅可以用在现代城市题材的照片中，也不妨用来尝试处理古建类的照片，或许会有惊喜发现的。